图2-200

当代名仕设计风格

设计说明：

在中式风格的盛行的过程中，更多的年轻人愿意参与其中，将新家以中式风格为主导，让这个美丽的家变得沉稳又有韵味。在中式风格中我们更能展现出对历史的追溯，也能保留一些对中式风格执着的喜爱。在中国文化风靡全球的现今时代，中式元素与现代材质的巧妙结合，再现了精致小巧的中国式韵味。新中式性价比高又不流失中式文化传统，简化的线条勾勒出一幅美丽的风景。为大家展现的一系列中式风格装修图片中，我们看到了各种各样的中式化的摆件与家具，传统与新中式的差别在于一个复杂一个简单化。同样讲究空间层次感，在传统的审美观念上新中式又得到了新的诠释，将有形的隔断化作无形，让家具散发出自身的韵味足以。

中式风格设计说明了社会的进步，结合了现代人的生活方式，开拓出一个属于他们的风格。80后作为社会的中流砥柱更多的装修风格从复杂变得简单，让生活方式改变了装修的手法，传统的中式风格造价高，形态复杂，做工细腻。新中式风格同样讲究对称，让协调的感觉平衡，与传统风格一样追求内敛，朴素。装修手法的不同也让实用性增强，更富现代感。现代家具与复古配饰的结合调配出一个理想的生活环境，宁静又温暖。

图3-419

香古色和谐人居

图4-332

和谐人居——东方梦

国梦之蓝和谐人居

高等学校土建类专业规划推荐教材

高校风景园林与环境设计专业规划推荐教材

3ds Max/VRay
在室内设计中的应用（第二版）

（微课版）

孙 琪 著

中国建筑工业出版社

图书在版编目（CIP）数据

3ds Max/VRay在室内设计中的应用（微课版）／孙
琪著.—2版.—北京：中国建筑工业出版社，2018.8
高等学校土建类专业规划推荐教材
高校风景园林与环境设计专业规划推荐教材
ISBN 978-7-112-22609-2

Ⅰ.① 3… Ⅱ.① 孙… Ⅲ.① 室内设计－计算机辅助
设计－图形软件－高等学校－教材 Ⅳ.① TU201.4

中国版本图书馆CIP数据核字（2018）第200177号

责任编辑：王 跃 杨 琪
责任校对：党 蕾

高等学校土建类专业规划推荐教材
高校风景园林与环境设计专业规划推荐教材
3ds Max/VRay在室内设计中的应用（第二版）（微课版）
孙 琪 著
*
中国建筑工业出版社出版、发行（北京海淀三里河路9号）
各地新华书店、建筑书店经销
北京锋尚制版有限公司制版
北京京华铭诚工贸有限公司印刷
*
开本：880×1230毫米 1/16 印张：18¼ 插页：4 字数：484千字
2018年11月第二版 2018年11月第五次印刷
定价：**49.00元**
ISBN 978 - 7 - 112 - 22609 - 2
（32714）

前言　　　　　Preface

2014年国家发布《国务院关于加快发展现代教育的决定》（国发［2014］19号）文件，文件中第四部分"提高人才培养质量"的第十八条明确指出要提高信息化水平，建设开发优质的数字教学资源，加快现代信息技术应用能力培训。

2015年国家发布《国务院关于积极推进"互联网+"行动的指导意见》（国发［2015］40号），在文件第六部分"互联网+"益民服务中提出"探索新型教育服务供给方式"，鼓励根据市场需求开发数字教育资源，提供信息化教育服务。对接线上线下教育资源，探索教育公共服务供给新方式。

综上所述，近一两年来，由国家发布的众多与教育有关的文件来看，配套的优质数字教学资源的开发建设以及推广应用等信息化教材建设已势在必行，必须使知识变得更感性与直观，更便于理解与学习。

为了适应环境艺术设计专业的学生制作室内效果图的需要，本书以真实案例工程为例，介绍了3ds Max 2014、VRay2.4软件在室内装饰效果图领域的制作与应用。书的实例部分采用完整的室内白天场景、中式风格的客厅餐厅场景、欧式风格的客厅餐厅场景以满足教学进度的易学案例，采用案例微课教学"以点带面""一通百通"的学习方法，一改传统书中只讲命令的学习方法。建立起"真活真做"的"教、学、做"一体化教学与装饰企业接轨的学习方法，将最常使用的软件命令糅合在项目案例中。

本书增添的手机+互联网相结合的144个移动终端扫描的二维码微课程视频，首先能够辅助学生做好课前的复习，通过学生的自主学习提前了解课程的重难点，为课堂的学习做好最近发展区的知识准备，有利于激发学生自主和主动的学习；其次，辅助教师实现了翻转课堂的教学手段，为教学的过程中进一步探索"一题多解""多问题思考""做学结合"提供了充分的准备；最后，微课视频也便于学生课后进行知识巩固与再强化，符合现代应用型本科院校、高等职业院校，以及技师学院学生学习的认知特点与学习习惯。

最后感谢读者选择了本书，希望作者的努力对读者的学习和工作有所帮助，也希望读者把本书的意见和建议告知作者（邮箱：287889834@qq.com）。由于水平有限书中难免有疏漏与不足之处，敬请读者批评指正。

二〇一八年七月写于青岛蓝色硅谷

目 录　Contents

01

Interior Design Research and Analysis of
Technical Functions of 3ds Max/VRay

第1章

室内设计研究与3ds Max/VRay技术功能解析

1.1　室内设计风格发展与三维虚拟应用

1.1.1　现代中国（含港、澳、台）室内设计风格的30年提升

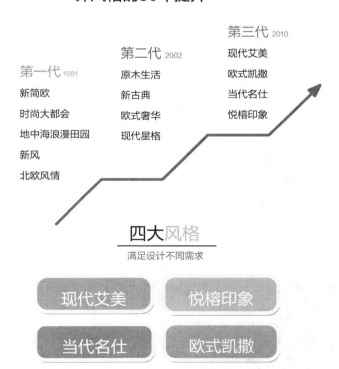

现代艾美风格特征

现代艾美源于20世纪初期的西方现代主义。欧洲现代主义建筑大师密斯·凡·德罗Mies Vander Rohe的名言"Less is more"被认为是代表着现代艾美的核心思想。现代艾美主义风格的特色是将设计的元素、色彩、照明、原材料简化到最少的程度，但对色彩、材料的质感要求很高。因此，现代艾美的空间设计通常非常含蓄，往往能达到以少胜多、以简胜繁的效果。以简洁的表现形式来满足人们对空间环境那种感性的、本能的和理性的需求，这是当今国际社会流行的设计风格——简洁明快的简约主义（图1-1）。

而现代人快节奏、高频率、满负荷，已让人到了无可复加的地步。人们在这日趋繁忙的生活中，渴望得到一种能彻底放松、以简洁和纯净来调节转换精神的空间，这是人们在互补意识支配下，所产生的亟欲摆脱繁琐、复杂、追求简单和自然的心理。现代艾美主义是由20世纪80年代中期对复古风潮的叛逆和极简美学的基础上发展起来的，20世纪90年代初期，开始融入室内设计领域。

风格特点

（1）室内空间开敞、内外通透，在空间平面设计中追求不受承重墙限制的自由。

（2）室内墙面、地面、顶棚以及家具陈设乃至灯具器皿等均以简洁的造型、纯洁的质地、精细的工艺为其特征。

（3）尽可能不用装饰和取消多余的东西，认为任何复杂的设计、没有实用价值的特殊部件及任何装饰都会增加建筑造价，强调形式应更多地服务于功能。

（4）建筑及室内部件尽可能使用标准部件，门窗尺寸根据模数制系统设计。

图1-1　现代艾美风格

（5）室内常选用简洁的工业产品，家具和日用品多采用直线，玻璃金属也多被使用。

家具风格特点

（1）强调功能性设计，线条简约流畅，色彩对比强烈，这是现代风格家具的特点。

（2）大量使用钢化玻璃、不锈钢等新型材料作为辅材，也是现代风格家具的常见装饰手法，能给人带来前卫、不受拘束的感觉。

（3）由于线条简单、装饰元素少，现代风格家具需要完美的软装配合，才能显示出美感。例如沙发需要靠垫、餐桌需要餐桌布、床需要窗帘和床单陪衬，软装到位是现代风格的关键。

饰品风格特色

现代艾美风格饰品是所有家装风格中最不拘一格的一种。一些线条简单，设计独特甚至是极富创意和个性的饰品都可以成为现代艾美风格家装中的一员。

欧式凯撒风格

营造欧式凯撒风格可以从7个方面入手（图1-2）。

（1）家具：欧式凯撒风格的家具市面上很多，

图1-2　欧式凯撒风格

选购的时候尽量注意款式要优雅，一些劣质的欧式凯撒风格家具，造型款式上显得很僵化，特别是表现欧式的一些典型细节如弧形或者涡状装饰等，都显得拙劣。此外，要注意材质，欧式凯撒风格的家具一定要材质好才显得有气魄。

（2）墙纸：可以选择一些比较有特色的墙纸装饰房间，比如画有圣经故事以及人物内容的墙纸就是很典型的欧式风格。另外，可以油漆一些图案作为点缀。

（3）装饰画：欧式凯撒风格装修的房间应选用线条繁琐，看上去比较厚重的画框，才能与之匹配。

（4）色调：欧式凯撒风格大多采用白色、淡色为主，可以采用白色或者色调比较跳跃的靠垫配白木家具。另外，靠垫的面料和质感也很重要，在欧式居室中亚麻和帆布的面料就不太合适，如果是丝质面料则更显高贵。

（5）地板：如果是复式的房子，一楼大厅的地板可以采用石材进行铺设，这样会显得大气。如果是普通居室，客厅与餐厅最好还是铺设木质地板，若部分用地板，部分用地砖房间反而显得狭小。

（6）地毯：欧式凯撒风格装修中地面的主要角色应该由地毯来担当。地毯的舒适脚感和典雅的独特质地与西式家具的搭配相得益彰。

（7）墙面：镶以木板或皮革，再在上面涂上金漆或绘制优美图案；顶棚都会以装饰性石膏工艺装饰或饰以珠光宝气的讽寓油画。

经历了文艺复兴运动之后，17世纪的意大利建筑处于复杂的矛盾之中，一批中小型教堂、城市广场和花园别墅设计追求新奇复杂的造型，以曲线、弧面为特点，打破了古典建筑与文艺复兴建筑的"常规"。巴洛克风格家具的主要特色是强调力度、变化和动感，沙发华丽的布面与精致的雕刻互相配合，把高贵的造型与地面铺饰融为一体，气质雍容。打破均衡、平面多变，强调层次和深度。使用各色大理石、金等装饰，华丽、壮观，突破了文艺复兴古典主义的一些程式、原则。洛可可艺术家具注重体现曲线特色。沙发背、扶手、椅腿与画框大都采用细致典雅的雕花，椅背的顶梁都有玲珑起伏

图1-3　当代名仕风格

的"C"形和"S"形的涡卷纹的精巧结合，椅腿采用弧弯式并配有兽爪抓球时的椅脚，椅背顶梁和画框的前梁上都有贝壳纹雕花。而欧式凯撒装饰风格正是在秉承上述两种风格的基础上进行再革新。

当代名仕风格

当代名仕风格主要包括两方面的基本内容，一是中国传统风格文化意义在当前时代背景下的演绎；二是对中国当代文化充分理解基础上的当代设计。当代名仕风格不是纯粹的元素堆砌，而是通过对传统文化的认识，将现代元素和传统元素结合在一起，以现代人的审美需求来打造富有传统韵味的事物，让传统艺术在当今社会得到合适的体现（图1-3）。

（1）当代名仕风格讲究纲常、对称，以阴阳平衡概念调和室内生态。选用天然的装饰材料，运用"金、木、水、火、土"五种元素的组合规律来营造禅宗式的理性和宁静环境。

（2）装饰空间：当代名仕风格非常讲究空间的层次感，依据住宅使用人数和私密程度的不同，需要做出分隔的功能性空间，一般采用"哑口"或简约化的"博古架"来区分；在需要隔绝视线的地方，则使用中式的屏风或窗棂，通过这种新的分隔方式，单元式住宅就展现出中式家居的层次之美。

（3）造型：空间装饰多采用简洁硬朗的直线条。直线装饰在空间中的使用，不仅反映出现代人追求简单生活的居住要求，更迎合了中式家具追求内敛、质朴的设计风格，使"当代名仕"更加实用、更富现代感。

（4）装饰色彩：当代名仕风格的家具多以深色为主，墙面色彩搭配：一是以苏州园林和京城民宅的黑、白、灰色为基调；二是在黑、白、灰基础上以皇家住宅的红、黄、蓝、绿等作为局部色彩。

（5）装饰材料：丝、纱、织物、壁纸、玻璃、仿古瓷砖、大理石等。

（6）配饰家具：当代名仕风格的家具可为古典家具，或现代家具与古典家具相结合。中国古典家具以明清家具为代表，在新中式风格家具配饰上多以线条简练的明式家具为主。

（7）饰品：瓷器、陶艺、中式窗花、字画、布艺以及具有一定含义的中式古典物品等。

当代名仕风格四大元素：中式氛围、佛像、中式圈椅、中式书房。

当代名仕家具则讲究线条简单流畅、内部设计精巧。业内人士介绍，当代名仕不是完全意义上的复古明清，而是通过中式风格的特征，表达对清雅含蓄、端庄的东方式精神境界的追求。明清家具美在外观，但体积大实用率较低。当代名仕家

图1-4　悦榕印象风格

具在保持明清家具外在风格的同时，更注重提高实用率。

悦榕印象风格

悦榕印象风格以其极具亲和力的田园风情及柔和的色调和组合搭配上的大气很快被国内外的广大区域人群所接受。对于久居都市，习惯了喧嚣的现代都市人而言，悦榕印象风格给人们以返璞归真的感受，同时体现了对于更高生活质量的要求（图1-4）。

（1）自然的浪漫空间

"悦榕印象风格"的建筑特色是建筑中的回廊通常采用数个连接或以垂直交接的方式，在走动观赏中，出现延伸般的透视感。此外，家中的墙面处(只要不是承重墙)，均可运用半穿凿或者全穿凿的方式来塑造室内的景中窗。这是地中海家居的一个有情趣之处。

讲求风格，在造型设计时不是仿古，也不是复古，而是追求神似。用简化的手法、现代的材料和加工技术去追求传统样式的大致轮廓特点。注重装饰效果，用室内陈设品来增强历史文脉特色，往往会照搬古代设施、家具及陈设品来烘托室内环境气氛。

白色、金色、黄色、暗红是欧式风格中常见的主色调，少量白色糅合，使色彩看起来明亮。

（2）纯美的色彩方案

"悦榕印象风格"对中国城市家居的最大魅力，恐怕来自其纯美的色彩组合。西班牙蔚蓝色的海岸与白色沙滩，希腊的白色村庄在碧海蓝天下简直是制造梦幻，南意大利的向日葵花田流淌在阳光下的金黄、法国南部薰衣草飘来的蓝紫色香气、北非特有沙漠及岩石等自然景观的红褐、土黄的浓厚色彩组合。悦榕印象的色彩确实太丰富了，并且由于光照足，所有颜色的饱和度也很高，体现出色彩最绚烂的一面。悦榕印象风格也按照地域自然出现了三种典型的颜色搭配。蓝与白：这是比较典型的颜色搭配。西班牙、摩洛哥海岸延伸到地中海的东岸希腊。希腊的白色村庄与沙滩和碧海、蓝天连成一

片，甚至门框、窗户、椅面都是蓝与白的配色，加上混着贝壳、细沙的墙面、小鹅卵石地、拼贴马赛克、金银铁的金属器皿，将蓝与白不同程度的对比与组合发挥到极致。黄、蓝紫和绿：南意大利的向日葵、南法的薰衣草花田，金黄与蓝紫的花卉与绿叶相映，形成一种别有情调的色彩组合，十分具有自然的美感。土黄及红褐：这是北非特有的沙漠、岩石、泥、沙等天然景观颜色，再辅以北非土生植物的深红、靛蓝，加上黄铜，带来一种大地般的浩瀚感觉。

（3）不修边幅的线条

线条是构造形态的基础，因而在家居中是很重要的设计元素。这种构造形态显得比较自然，因而无论是家具还是建筑，都形成一种独特的浑圆造型。白墙的不经意涂抹修整的结果也形成一种特殊的不规则表面。

（4）独特的装饰方式

在构造了基本空间形态后，悦榕印象风格的装饰手法也有很鲜明的特征。家具尽量采用低彩度、线条简单且修边浑圆的木质家具。地面则多铺赤陶或石板。马赛克镶嵌、拼贴在地中海风格中算较为华丽的装饰。主要利用小石子、瓷砖、贝类、玻璃片、玻璃珠等素材，切割后再进行创意组合。在室内，窗帘、桌巾、沙发套、灯罩等均以低彩度色调和棉织品为主。素雅的小细花条纹格子图案是主要风格。

1.1.2　三维虚拟技术应用原理

三维虚拟技术是将传统中的二维平面图纸，利用3ds Max与VRay技术，将CAD图纸的二维建筑空间转换为三位可视空间，共同形成一个BIM信息模型的部分（图1-5～图1-6）。

一个完整的室内方案设计要耗费设计师大量的重复劳动，平面设计效果图和二维施工图难以全面表达设计师的设计理念，客户也难以全面了解和感

室内设计

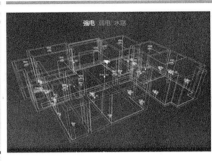

水电隐蔽工程

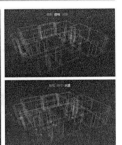

施工图一键生成

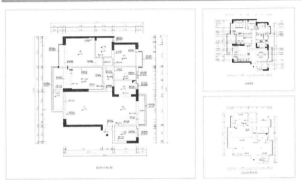

秒速渲染

图1-5　三维虚拟技术

图1-6　虚拟现实技术

虚拟　　　　　　　　　　　　　　　　　　　　　实景

图1-7　虚拟与实景

受设计方案想要展示的三维空间规划，无法预先体验更是导致很多设计缺憾。随着计算机三维图形技术的不断发展，图形硬件的计算能力的大幅提升，以及近年来实时真实感渲染算法的大量研究应用，如今在PC图形工作站上利用虚拟现实技术实现虚拟漫游已经成为可能。

虚拟现实技术在室内设计方面的应用，概括来讲，就是它利用3D全景、环境建模等多项技术，以视觉形式反映了设计者的思想。比如装修房屋之前，你首先要做的事情是对房屋的结构、外形做细致的构思，为了使之量化，你还需设计许多图纸。当虚拟现实技术来临后，人们就可以把这种构思变成看得见的虚拟物体和环境，使以往传统的设计模式，提升到数字化——即看即所得的完美境界。此刻，设计者可以完全按照自己的构思去构建装饰"虚拟"的房间，并可以任意变换自己在房间中的位置，去观察设计的效果，直到满意为止。这么一来，就大大提高了设计和规划的质量与效率（图1-7）。

在三维实体建模、全局光照渲染算法及交互式实时逼真渲染等方面的研究成果基本达到实际应用的水平。在如何提高建模速度上，从减少不必要的重复劳动出发，尝试探索从三维模型程序生成两维施工图的实现方法。经过分析室内设计的业务需求

和特点，现代研究者提出了构件式参数化快速建模和模型资源复用的思路，并借助基于边界表示方法的开源CAD内核OpenCascade基本实现了这个目标。

1.2　3ds Max系统操作界面框架

单击桌面 ![icon] Autodesk 3ds Max 快捷方式，启动该软件，如图1-8所示。

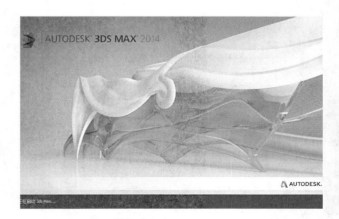

图1-8　3ds Max系统程序启动画面

建议配置电脑硬件，CPU：处理器i5四核八线程；内存条：8GB以上；显卡：英伟达2GB独立显卡以上；固态硬盘256GB以上；电脑软件：window7、64位系统。

1.2.1 3ds Max系统界面各操作模块名称 与功能

启动3ds Max 软件后，默认会打开"欢迎屏幕"，通过单击该屏幕相应选项，打开动画演示，了解3ds Max的基本功能。关闭该窗口，显示的即是3ds Max的默认操作界面。

3ds Max 系统界面分为标题栏、菜单栏、主工具栏、视口区、命令面板、时间尺、状态栏、动画控制区/播放区、视图导航区9大部分（图1-9、表1-1）。

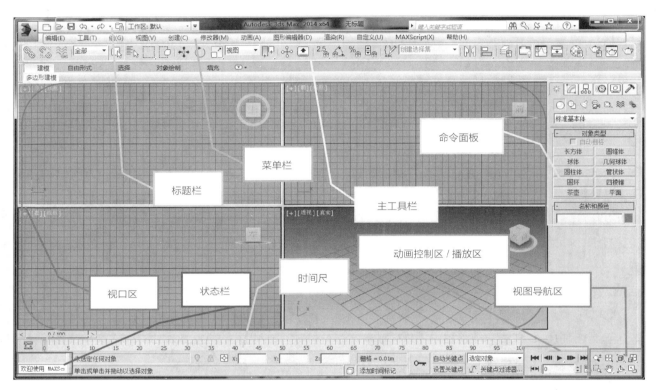

图1-9   3ds Max 系统界面

界面各项名称和功能作用   表1-1

基本名称	功能作用
标题栏	显示文件名称及相关信息，进行窗口最小化、还原/最大化的转换和关闭按钮
菜单栏	以文字形式提供详细的操作命令
主工具栏	以图标形式提供详细的操作命令，功能与菜单栏相同
视口区	3ds Max的实际工作区域，默认状态下为4视图显示，分为顶视图、左视图、前视图、透视图，可以在这些视图中进行不同角度的操作编辑
命令面板	创建和修改对象的所有命令，3ds Max的核心
时间尺	显示动画的操作时间及控制相应的帧，包括时间线滑块和轨迹栏
状态栏	提供了选定对象的数目、类型、变换值和栅格数目，可以基于当前鼠标指针位置和当前活动程序来提供动态反馈信息
动画控制区/播放区	动画的记录、动画帧的选择、动画播放以及动画时间控制等
视图导航区	用来控制视图的显示与导航，可以平移、缩放和旋转视图

1.2.2　主工具栏中基本对象选择与操作（图1-10、表1-2）

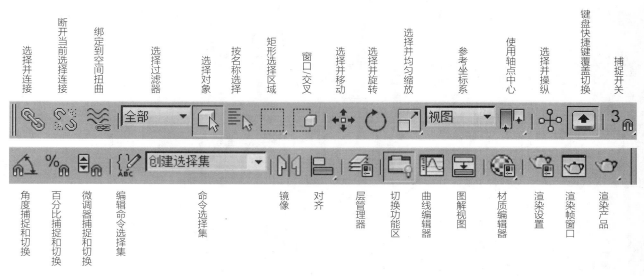

图1-10　主工具栏

主工具栏名称、作用、操作及注意要点　　　　表1-2

基本名称		作　用	操作及注意要点
选择过滤器		能够根据物体特性选择并过滤掉不需要选择的对象类型	默认是全部，可根据操作自主选择，对于批量选择同一种类型的对象非常快捷，例如：可以只选择灯光、摄像机等
选择对象		在场景中单击或框选物体，但不能移动物体	按着"Ctrl"键可增选物体；按着"Alt"可以减选物体；按着"Ctrl+I"可以反选物体；按着"Alt +Q"可以孤立当前选择
选择并移动		选择并移动场景中的物体	"X""Y"坐标轴同时变黄时可随意移动，快捷键"W"
选择并旋转		选择物体进行旋转操作	一般旋转的时候只延"X""Y""Z"坐标轴旋转，快捷键"E"
选择并均匀缩放		选择物体进行缩放操作	分为选择并均匀缩放、选择并非均匀缩放、选择并挤压，快捷键"R"
捕捉开关		选择物体进行捕捉创建或修改	包括2D捕捉、2.5D捕捉、3D捕捉，鼠标右击可以弹出"栅格和捕捉设置"，捕捉开关快捷键"S"
命名选择集		根据物体名称选择	可以组成一个组，但个体依然是个体
镜像		用于物体的三维对称翻转	分别于"X""Y""Z"坐标轴为中心对称
对齐	快速对齐	选择原物体，快速选择另一物体	快捷键"Shift+A"直接使用
	法线对齐	物体法线之间对齐	选好相应的法线
	放置高光	物体高光点对齐	快捷键"Shift+A"，找高光点
	摄像机对齐	和摄像机在同一条法线上	用于摄像机的视图恢复
	对齐到视图	和选择的视图对齐	最大化的视图对齐
材质编辑器		对物体进行材质的编辑和赋予	分为"精简材质编辑器"和"Slate材质编辑器"快捷键"M"
渲染设置		调节渲染参数	快捷键"F10"
渲染产品		渲染并输出图片	快捷键"F9"

1.3　创建图形与建模应用解析

1.3.1　认识几何体的创建模块（图1-11）

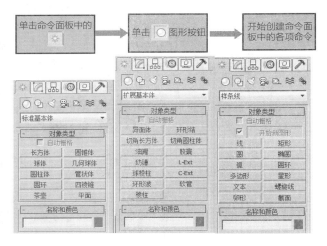

图1-11　命令面板-标准几何体、扩展几何体、样条线命令面板

基本名称	种类
标准几何体（共10种）	长方体、球体（即经纬球体）、圆柱体、圆环、茶壶、圆锥体、几何球体、管状体、四棱锥（即金字塔型物体）、平面
扩展几何体（共13种）	异面体、倒角长方体、油箱体、纺锤体、正多边形、环形波（回转圈）、软管（即水管物体）、环形结、倒角圆柱体、胶囊体、L形拉伸体、C形拉伸体、三棱柱
样条线（共11种）	线、圆形、矩形、椭圆、弧、圆环、多边形、星形、文本、螺旋线、截面

应用探究：运用几何体命令精确制作茶几

1. 在右侧的"创建命令面板"中，单击【几何体】中的【长方体】按钮，在"透视图"中进行绘制，创建一个长方体，如图1-12所示。

2. 在【参数】展卷栏中，将长度设置为"600"，宽度设置为"1200"，高度设置为"50"（单位：毫米），如图1-13所示。

3. 在"修改器列表"中，将"标准基本体"转换为"扩展基本体"，如图1-14所示。

图1-12　绘制长方体　　　图1-13　参数设置

图1-14　转换为扩展基本体　　　图1-15　单击【L-Ext】按钮

4. 在"扩展基本体"的"对象类型"中单击【L-Ext】按钮，在"顶视图"中，进行桌腿绘制，如图1-15、图1-16所示。

5. 在右侧"创建命令面板"的【参数】展卷栏中，将"侧面长度"设置为"100"，"前面长度"

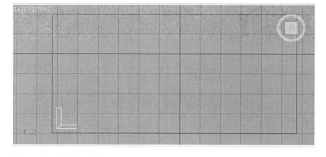

图1-16　绘制桌腿

设置为"-100"，"侧面宽度"设置为"25"，"前面宽度"设置为"25"，"高度"设置为"450"（单位：毫米），如图1-17所示。

6. 选中绘制的椅腿，在菜单工具栏中，单击【选择并移动】按钮，如图1-18所示。

7. 打开【捕捉开关】，分别在"顶视图""前视图"中通过二维捕捉将绘制的桌腿移动到桌角的左下角位置，关闭【捕捉开关】，如图1-19所示。

8. 在菜单工具栏中，单击【镜像】按钮，打开"镜像：屏幕坐标"命令框，在"镜像轴"中点选"Y"轴，在

图1-17　修改参数

"克隆当前选择"中点选"复制"，单击【确定】按钮，将复制的桌腿移动到左上角的桌角位置，如图1-20、图1-21所示。

同样，可以通过二维捕捉将复制的桌腿移动到左上角的桌角位置，如图1-22所示。

9. 按住键盘中的【Ctrl】键，同时选中绘制的两个桌腿，单击【镜像】按钮，打开"镜像：屏幕坐标"命令框，在"镜像轴"中点选"X"轴，在"克隆当前选择"中点选"复制"，单击【确定】按钮，如图1-23、图1-24所示。

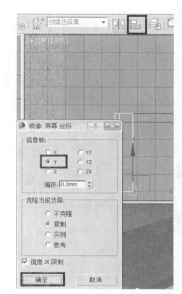

图1-20　镜像克隆桌腿

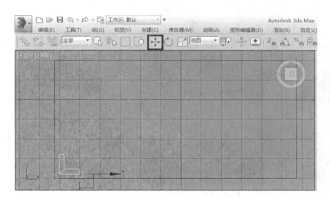

图1-18　选择【选择并移动】按钮

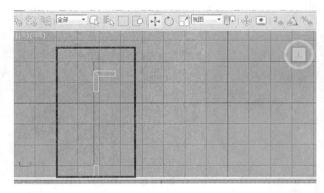

图1-21　移动到桌角

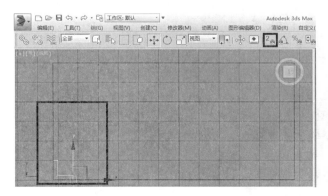

图1-19　关闭【捕捉开关】按钮

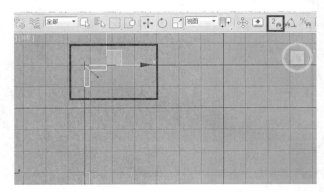

图1-22　捕捉进行精确移动

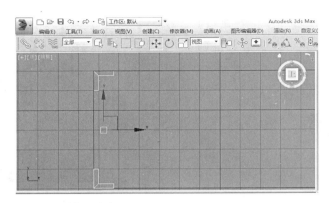

图1-23　选择两个桌腿

图1-24　进行镜像克隆

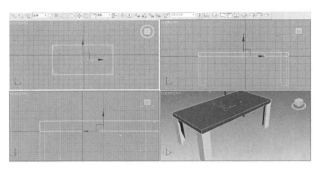

图1-27　选中蓝色桌面

10. 打开【捕捉开关】，通过二维捕捉将镜像的桌腿移动到右侧的桌角位置，如图1-25、图1-26所示。

11. 在"透视图"中，选中蓝色的桌面，按住键盘上的【Shift】键，如图1-27所示。

12. 在"前视图"中，

将选中的桌面向下拖动至合适位置，此时，界面中出现"克隆选项"命令框，点选"复制"，单击【确定】按钮，如图1-28、图1-29所示。

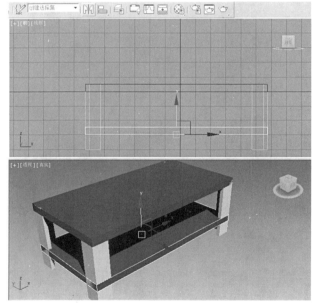

图1-28　将选中的桌面向下复制拖动

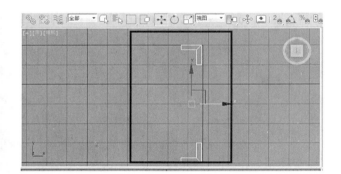

图1-25　移动桌腿到桌角

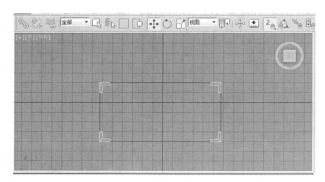

图1-26　完成效果

图1-29　进行克隆复制

13．选中复制的桌面，在右侧"修改命令面板"中，在【参数】展卷栏中，将"长度"设置为"565"，"宽度"设置为"1165"，"高度"设置为"15"（单位：毫米），如图1-30所示。

14．框选选中绘制的茶几图形，单击右侧"修改命令面板"中的颜色方块按钮，打开"对象颜色"命令框，选中"卡其"颜色，单击【确定】按钮，如图1-31～图1-33所示。

这样，茶几就制作完成了。

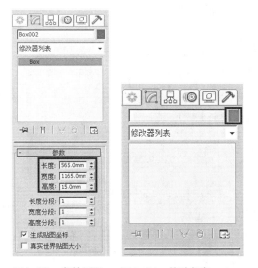

图1-30　参数设置　　图1-31　修改颜色

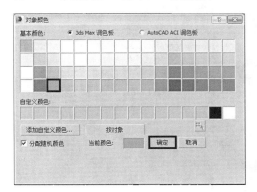

图1-32　选择棕黄色色调

图1-33　制作完成效果

1.3.2　图形编辑模块的设计应用

1．图形的编辑面板（图1-34）

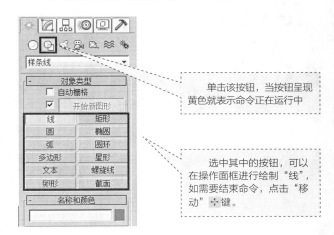

图1-34　图形编辑面板

2．图形的编辑命令面板展卷栏（图1-35）

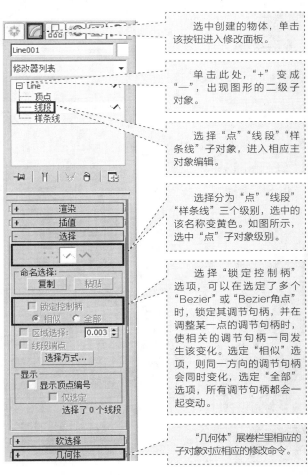

图1-35　样条线修改面板

3．图形几何体编辑面板展卷栏（图1-36）

图1-36 样条线"附加"命令

几何体展卷栏下的应用命令。选中"附加"命令，鼠标的右上端出现四个圆，此时，可以选择其他的线进行合并。

4．编辑图形的子对象与展卷栏

1）编辑"顶点"子对象（图1-37）

2）编辑"线段"子对象（图1-38）

3）编辑"样条线"子对象（图1-39）

应用探究：运用图形命令精确制作简欧台灯

下面，学习绘制简欧台灯。

1．选中"前视图"，单击界面右下方的【最大比视口切换】按钮，将"前视图"最大化，如图1-40、图1-41所示。

2．在右侧的"创建命令面板"中，单击【图形】中的【线】按钮，在界面的中上方进行绘制。单击鼠标【左键】确定直线的端点（注意：按住键盘上的【Shift】键，可以使直线水平垂直绘制），如图1-42、图1-43所示。

图1-38 编辑"线段"展卷栏

名称	功能作用
隐藏	隐藏所选中的线段
全部取消隐藏	显示所隐藏的线段
删除	删除所选中的线段
拆分	将选中的线段拆分成若干段，以后面的数字为准，最小是1
分离	将选中的线段分离出整体，成为单独的个体

名称	操作要点及技巧
角点	选中编辑点，右击选择"角点"，点的两条角边成夹角
平滑	选中编辑点，右击选择"平滑"，点的两条角边成光滑曲线
Bezier	选中编辑点，右击选择"Bezier"，点的两条角边成光滑曲线，并有一根手柄用于控制曲线的曲率
Bezier角点	选中编辑点，右击选择"Bezier角点"，点的两条角边成光滑曲线，并分别有一根手柄用于控制曲线的曲率

图1-37 编辑"顶点"展卷栏

名称	功能作用
反转	反转样条线的起始点，该命令对于放样命令意义很大
轮廓	将单条线段组成双条或者多条
布尔	有交集，并集，差集三种，主要是对于相重叠的部分进行运算
镜像	进行镜像复制，类似于镜像命令，有X轴，Y轴，Z轴三种情况
隐藏	隐藏所选中的线段
全部取消隐藏	显示所隐藏的线段
删除	删除所选中的线段
分离	将选中的线段分离出整体，成为单独的个体
炸开	将选中的线段按照点数进行分离，但还是一个整体

图1-39 编辑"样条线"展卷栏

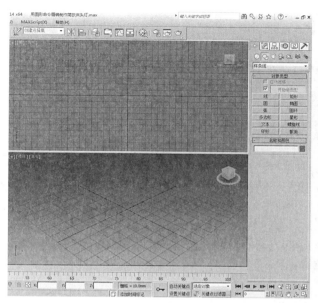

图1-40　切换到前视图

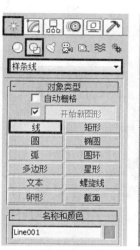

图1-42　单击【线】按钮

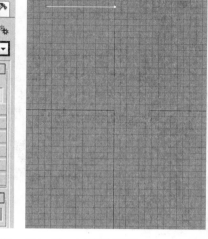

图1-43　水平绘制线型

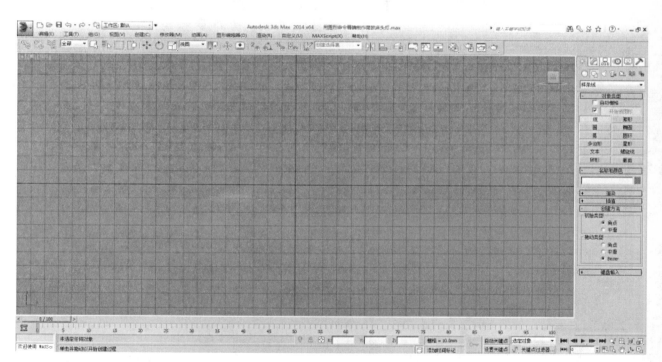

图1-41　前视图最大化

3. 通过绘制水平垂直的直线，完成台灯左半侧的绘制（包括台灯的灯罩、灯杆及底座的一半），绘制完成后，松开键盘上的【Shift】键，单击鼠标【右键】，如图1-44、图1-45所示。

4. 在界面右侧"层次命令面板"中，进入"轴"的命令，在"调整轴"中单击【仅影响轴】按

钮，将影响轴拖动至绘制的左半侧台灯的右下角点处（通过"移动并选择""对象捕捉"命令），如图1-46、图1-47所示。

5. 在界面右侧的"修改命令面板"中，将"修改器列表"设置为"车削"，如图1-48。

6. 在"参数"的"输出"中点选"面片"，如

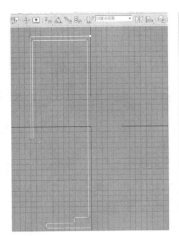

图1-44　绘制左半侧台灯轮廓

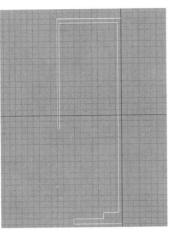

图1-45　绘制完成

图1-46　单击【仅影响轴】按钮

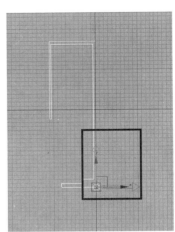

图1-47　将轴拖到台灯轮廓线底部右下角处

图1-48　选择"车削"命令

图1-49　选择"面片"

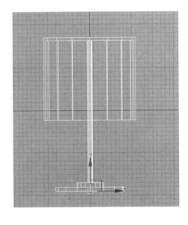

图1-50　完成台灯效果

图1-49所示。

7. 此时已经完整的绘制出台灯，如图1-50所示。

8. 单击界面右下方的【最大比视口切换】按钮，返回到界面中，单击界面右下方的【所有视图最大化显示选定图像】按钮，将绘制的台灯在各个视口内均呈现最大化，如图1-51所示。

9. 在"前视图"中，按住键盘上的【Alt】键，并按住鼠标滑轮，可以任意角度观察绘制的简欧式床头台灯。

10. 为绘制的台灯附着材质，在右侧的"修改命令面板"中，单击颜色方块按钮，打开"对象颜色"命令框，选择"鹅黄"颜色，单击【确定】按钮，如图1-52、图1-53所示。

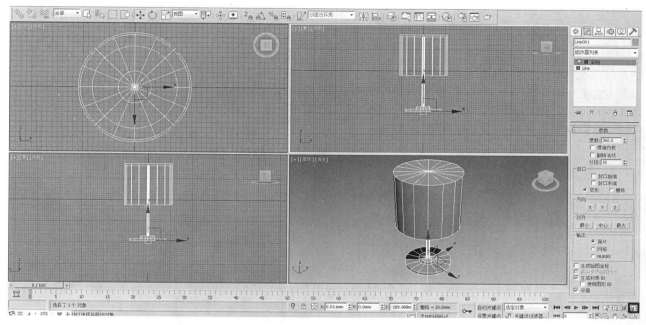

图1-51　选择所有视图最大化

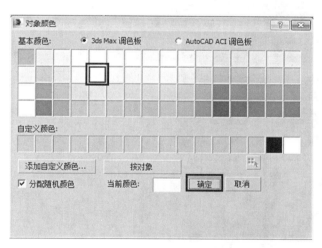

图1-52　选择颜色

图1-53　完成台灯

这样，台灯的绘制就完成了。

1.3.3　创建复合对象建模的设计应用

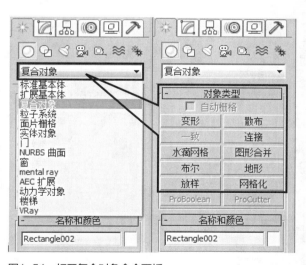

图1-54　打开复合对象命令面板

• "放样" 建模

应用探究：运用放样命令精确制作窗帘

学习通过"放样"命令绘制窗帘。

1. 选中"顶视图"，在右侧的"创建命令面板"下的"图形"中，将"样条线"修改为"NURBS

定义	利用两个或两个以上的二维图形来制作三维图形的一种复合物体建模方法
原理	利用一个二维图形作为模型路径，再用一个二维图形作为模型不同部位的截面图形，将截面图形放置到路径的不同位置，在各自截面形状间产生过渡表面，从而生成三维图形
注意	路径和截面图形必须是二维图形，需要注意起始点

方法	a. 创建用于"放样"建模的路径图形和截面图形
	b. 选择其中任何一个图形作为路径图形
	c. 在几何体类型列表中选择"复合对象"类型。并在该类型面板中，单击"放样"按钮
	d. 在"创建方法"中选择一种创建方式。之后应在视图中选择另外一个图形，该图形即会转移配合前一个图形生成放样的图形

图1-55　放样参数面板

图1-56　选择NURBS曲线

图1-57　选择【点曲线】命令按钮

曲线"，如图1-56所示。

2. 在"对象类型"中单击【点曲线】按钮，如图1-57所示。

3. 在"顶视图"中绘制俯视看到的窗帘折花效果的梯形曲线，绘制完成单击鼠标【右键】，如图1-58所示。

4. 在右侧的"创建命令面板"下的"图形"中，将"NURBS曲线"修改为"样条线"，在"对象类型"中单击【矩形】按钮，如图1-59所示。

5. 在"前视图"中任意绘制一个矩形，在右侧"创建命令面板"的"参数"中，将"长度"设置为"2400"，"宽度"设置为"2"，单击"名称和颜色"中的颜色方块按钮，打开"对象颜色"命令框，选中"玫红"色，单击【确定】按钮，如图1-60、图1-61所示。

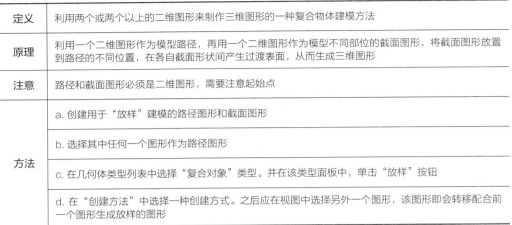

图1-58　绘制窗帘曲线

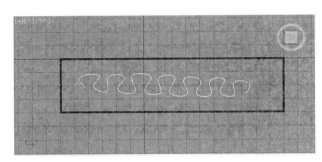

图1-59　矩形按钮

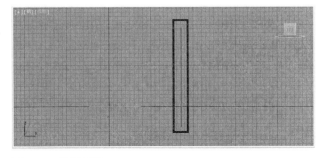

图1-60　绘制矩形

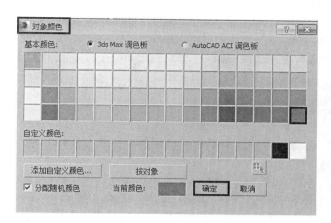

图1-61　"对象颜色"命令框

图1-64　运用获取图形　　图1-65　窗帘效果
命令

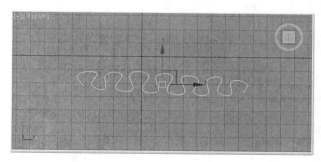

图1-62　选中绘制好的曲线

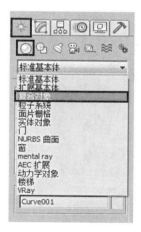

图1-63　选择复合对象

6. 在"顶视图"中框选选中绘制的窗帘曲线，如图1-62所示。

7. 在右侧"创建命令面板"的"几何体"中，将"标准基本体"设置为"复合对象"，如图1-63所示。

8. 在"对象类型"中单击【放样】按钮，然后单击"创建方法"中的【获取图形】按钮，在"前视图"中点选绘制的2.4米的矩形，如图1-64所示。

9. 单击鼠标【左键】可以看到窗帘效果，如图1-65所示。

同样还可以用另一种方法绘制窗帘。

1. 在"前视图"中选中绘制长为2.4米的矩形，在右侧"创建命令面板"的"对象类型"中，单击【放样】按钮，在"创建方法"中单击【获取路径】

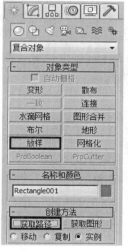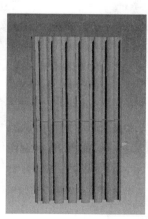

图1-66　运用获取路径　　图1-67　窗帘效果
命令

按钮，在"前视图"中点选绘制的NURBS曲线，如图1-66所示。

2. 单击鼠标【左键】可以看到窗帘效果，如图1-67所示。

3. 在"顶视图"中选中获取后的窗帘，单击工具栏中的【旋转】按钮，如图1-68所示。

4. 将窗帘旋转水平，单击【旋转】按钮关闭旋转命令，如图1-69所示。

5. 在右侧"创建命令面板"中，将"复合对象"设置为"标准基本体"，在"对象类型"中单击【圆柱

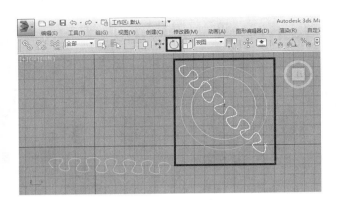

图1-68　获取后的窗帘

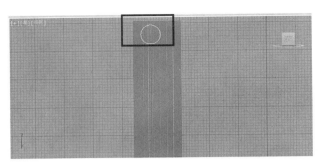

图1-71　绘制圆柱体

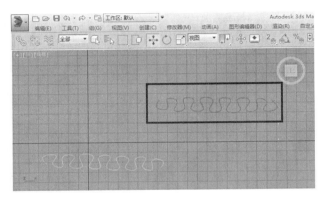

图1-69　旋转至水平

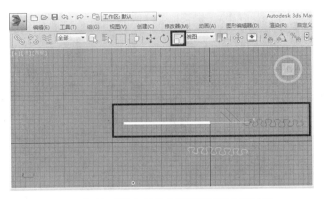

图1-72　运用【选择并均匀缩放】按钮调试到合适长度

图1-70　选择【圆柱体】命令

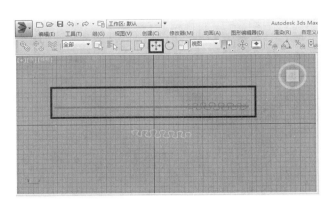

图1-73　移动到合适位置

体】按钮，如图1-70所示。

6. 在"左视图"中的窗帘上方绘制一个圆柱体，如图1-71所示。

7. 向左移动鼠标，绘制圆柱体的长度，单击工具栏中的【选择并均匀缩放】按钮，在"顶视图"中将圆柱体进行拉长，如图1-72所示。

8. 均匀缩放完成后，单击工具栏中的【移动】按钮，在"顶视图"中将绘制的圆柱体右端点移动到绘制的窗帘曲线效果中，如果圆柱体不合适可以继续单击工具栏中的【选择并均匀缩放】按钮，进行调试，如图1-73所示。

9. 在"顶视图"中选中窗帘曲线效果，按住键盘上的【Shift】键，向左移动鼠标将窗帘曲线效果复制到圆柱体的左端，界面中出现"克隆选项"命

令框，点选"复制"，单击【确定】按钮，完成复制，如图1-74、图1-75所示。

10. 在"顶视图"中选中绘制的窗帘曲线，按键盘上的【Delete】键将其删除，选中绘制的圆柱体，如图1-76所示。

11. 在右侧的"创建命令面板"的"名称和颜色"中，单击颜色方块按钮，打开"对象颜色"命令框，选中鹅黄色，单击【确定】按钮，如图1-77所示。

这样窗帘就绘制完成了，如图1-78所示。

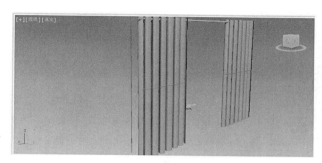

图1-74　复制窗帘曲线效果

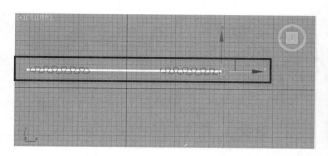

图1-76　选中圆柱体

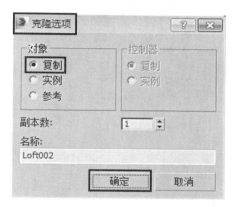

图1-75　"克隆选项"命令框

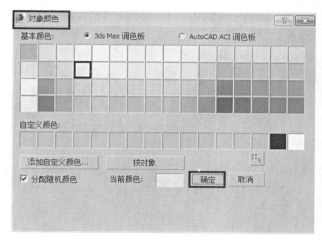

图1-77　修改窗帘杆颜色

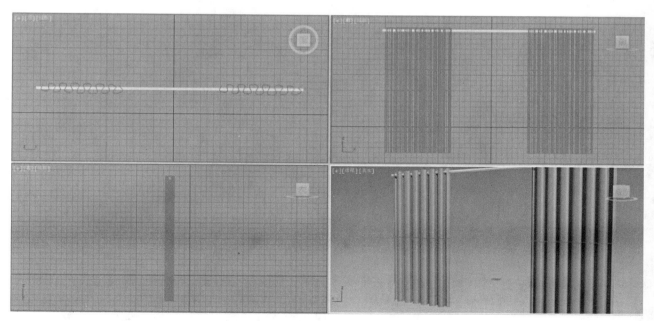

图1-78　窗帘制作完成效果

- "连接"建模（图1-79）

定义	将两个对象在对应面之间建立封闭的表面，并连接在一起形成新的复合对象
注意	需要先删除各个对象要连接处的面，并使已删除面与面之间的边线对应，完成"连接"命令。在参数面板中进行相关设置，调整连接效果
方法	a. 利用编辑"编辑多边形"修改器，在"多边形"命令下选择要建立连接处的表面，将其删除并形成对象的开口
	b. 将连接对象的开口部位正对放置，并选择其中一个对象。单击"复合对象"选项面板中的"连接"命令
	c. 在"拾取操作对象"卷展栏中，选择参考、复制、移动、实例中的一种拾取方式，单击"拾取操作对象"按钮
	d. 在视图中单击选取另一个连接对象，即可在两个删除面之间形成连接体

图1-79　连接参数面板

- "合并"建模（图1-80）

- "布尔"建模（图1-81）

定义	将网格对象与一个或多个图形合成复合对象的操作方法
注意	该命令能将二维平面图形投影到三维对象表面，产生相应的三维效果
方法	a. 创建三维物体和图形对象
	b. 单击"图形合并"，后点击"拾取图形"按钮，并选择一种拾取方式；在视图中单击二维平面图形对象后完成图形合并

图1-80　合并参数面板

定义	通过对两个以上的物体进行并集、差集、交集的运算得到新的物体
注意	该软件提供了4种布尔运算方式：并集、交集和差集（包括A-B和B-A两种）
方法	a. 创建两个几何对，将对象移到相交叉（不重合）的位置
	b. 选择一个对象（称为操作对象A），并在"复合对象"栏，选中"布尔命令"
	c. 在"拾取布尔"卷展栏中，单击"拾取操作对象B"按钮，从该按钮下方选择一种拾取方式
	d. 在视图中单击选取另一个对象（称为操作对象B），完成运算

图1-81　布尔参数面板

应用探究：运用布尔命令精确制作床头柜

1. 在界面右侧的"创建命令面板"中，单击【几何体】中的【长方体】按钮，在"顶视图"中创建一个长方体，如图1-82所示。

2. 在右侧的【参数】展卷栏中，将长度设置为"300"，宽度设置为"400"，高度设置为"400"（单位：毫米），如图1-83所示。

3. 在"前视图"中，选中影响轴的"Y"轴线，按住键盘上的【Shift】键，用鼠标向上拖动轴线，界面中出现"克隆选项"命令框，点选"复制"，单击【确定】按钮，如图1-84、图1-85所示。

4. 选中复制的长方体，在界面右侧"修改命令面板"的【参数】展卷栏中，将"长度"设置为"300"，"宽度"设置为"360"，"高度"设置为"150"（单位：毫米），如图1-86所示。

图1-82　创建长方体

图1-83　参数设置

图1-84　选择"复制"

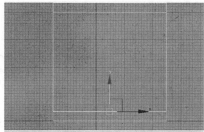

图1-85　向上拖动复制

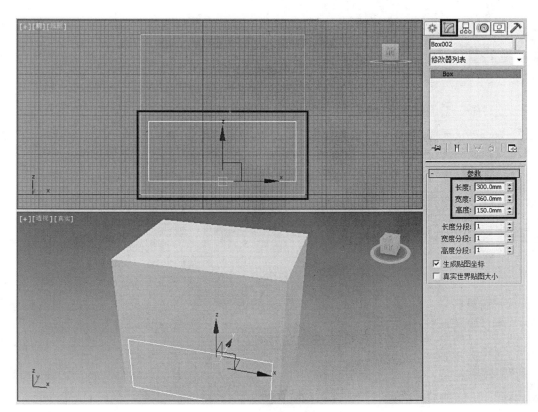

图1-86　修改新复制长方体参数设置

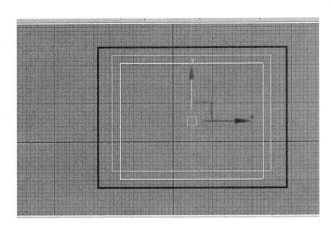

图1-87　移动长方体①

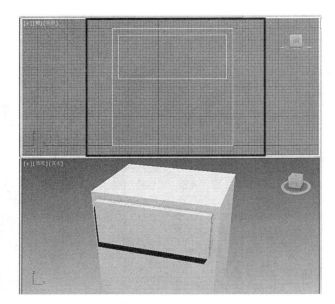

图1-88　移动长方体②

5. 在"顶视图"中，将复制的长方体向下移动（注意：左右距离和上方距离大体一致），如图1-87所示。

在"前视图"中，将复制的长方体向上移动至合适位置，如图1-88所示。

6. 在右侧的"修改命令面板"中，单击【对象颜色】按钮，打开"对象颜色"命令框，选择"宝蓝色"，单击【确定】按钮，如图1-89、图1-90所示。

图1-89　单击修改颜色按钮

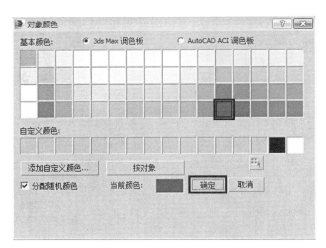

图1-90　选择宝蓝色

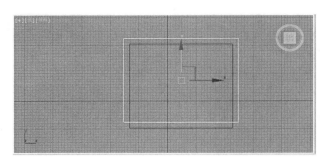

图1-91　选择大长方形

图1-92　选择"复合对象"命令

7. 在"顶视图"中选中绘制的大长方体，在右侧的"创建命令面板"中，将【几何体】中的"标准基本体"转换为"复合对象"，如图1-91、图1-92所示。

8. 在"对象类型"中单击【布尔】按钮，在"参数"中点选"差集（A-B）"，然后单击"拾起布尔"中的【拾取操作对象B】按钮，将修改的蓝色小长

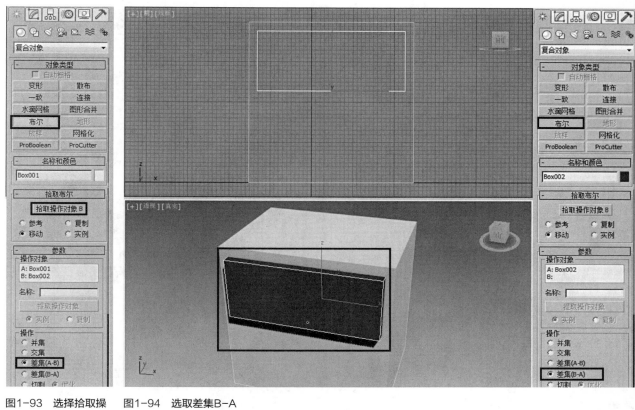

图1-93　选择拾取操　　图1-94　选取差集B-A
作对象B

方体减掉，如图1-93所示。

　　9. 同样，可以选中修改的蓝色小长方体，在右侧"创建命令面板"中单击【布尔】按钮，在"参数"中点选"差集（B-A）"，如图1-94所示。

　　在"拾起布尔"中，单击【拾取操作对象B】按钮，将修改的蓝色小长方体减掉，即在大长方体上打个洞。和上一种方法不同的是大的长方体颜色变了，如图1-95、图1-96所示。

　　10. 在右侧"创建命令面板"的"名称和颜色"展卷栏中，单击颜色方块按钮，打开"对象颜色"命令框，选择"米白"色，单击【确定】按钮，如

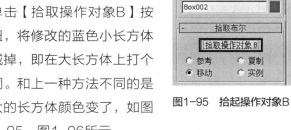

图1-95　拾起操作对象B

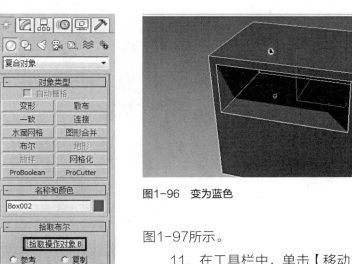

图1-96　变为蓝色

图1-97所示。

　　11. 在工具栏中，单击【移动】按钮，在"前视图"中，单击鼠标【右键】，打开"显示与变换"面板，单击"转换为"中的"转换为可编辑多边形"，如图1-98所示。

　　12. 在打开的洞下面，做一个开敞的床头柜门扇，在右侧"修剪命令面板"下的"选择"中，单击【边】按钮，如图1-99所示。

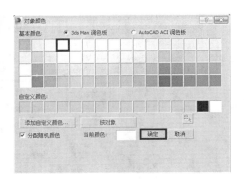

图1-97　选择米白色

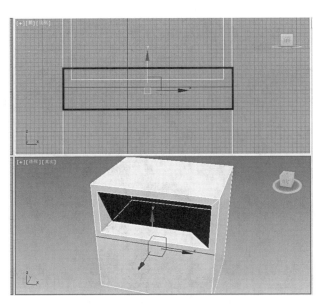

图1-102　移动到合适位置

图1-98　转换为可编辑多边形　　图1-99　选择"边"命令

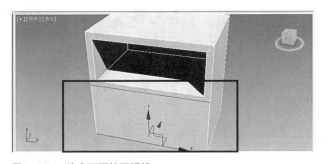

图1-103　选中下面的两根线

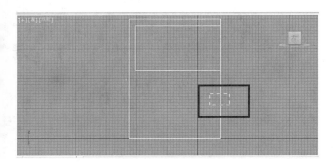

图1-100　框选柜体下侧线体

13. 在"左视图"中，框选选中开洞处的两条竖直线，在右侧"修剪命令面板"的"编辑边"中，单击【连接】按钮，如图1-100、图1-101所示。

图1-101　单击【连接】按钮

14. 在"前视图"中，选中连接的红线，将其移动到合适位置，保持与上方距离一致，如图1-102所示。

15. 按住键盘上的"Ctrl"键，在"透视图"中，选中下面的线（说明：不能框选，因为会选中后面的线），单击右侧"修剪命令面板"的"编辑边"中【连接】右侧的小方框按钮，如图1-103、图1-104所示。

图1-104　单击小方框

16. 打开"连接边分段"命令框，输入边数值为"3"，单击【对号】按钮，如图1-105所示。

17. 在"前视图"中，将连接的左右两条竖直线分别向中间移动，与中间的参照线的距离相等到中间直线的距离相等，移动完成后，删除中间竖直参照线，如图1-106、1-107所示。

18．在右侧"修改命令面板"的"选择"中，单击【多边形】按钮，在"前视图"中选中中间的小长方形面，在"编辑多边形"中单击【挤出】右

侧的小方框按钮，打开"挤出多边形高度"命令框，输入数值为"-10"，单击【对号】按钮，如图1-108所示。

在右侧的命令面板中，单击【创建】退出命令，完成床头柜的绘制，如图1-109所示。

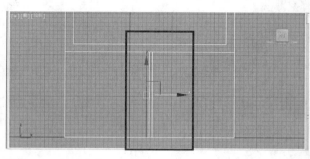

图1-106　移动直线

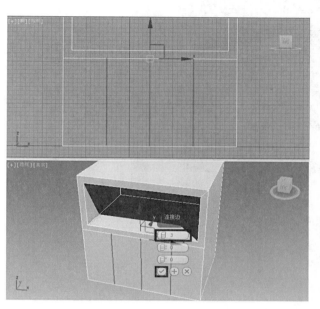

图1-105　修改边数

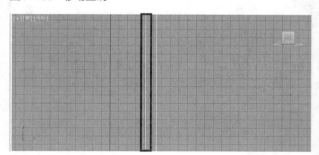

图1-107　将其中间参照线删除

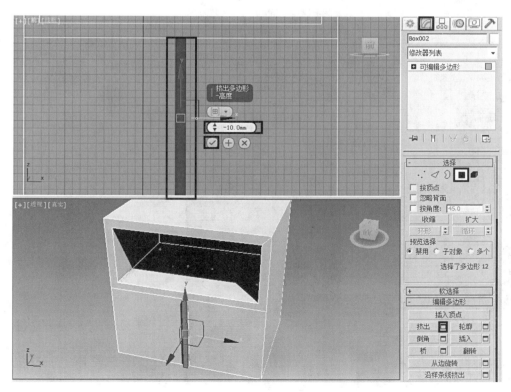

图1-108　使用挤出命令

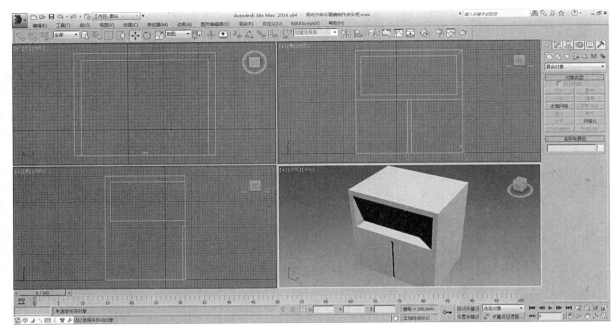

图1-109　床头柜完成效果

1.3.4　编辑样条线、编辑网格与编辑多边形的设计应用

打开方式（图1-110~图1-112）：

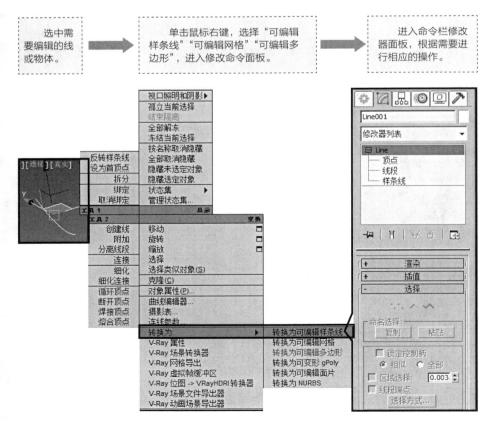

图1-110　可编辑样条线打开方法图解

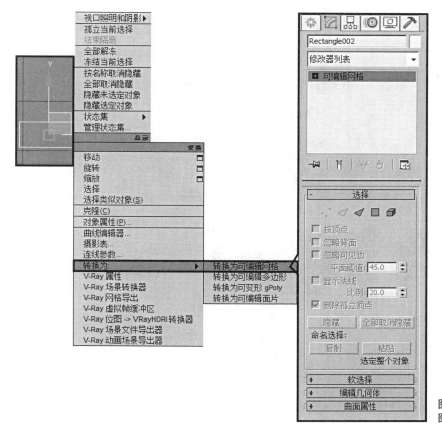

图1-111　可编辑网格打开方法图解

图1-112　可编辑多边形打开方法图解

	编辑样条形	编辑网格	编辑多边形
适用对象	线	物体	物体
次物体级别	点，线段，样条线	顶点、边、三角形面、多边形面和元素	顶点、边、三角形面、多边形面和元素
方法	a. 选中编辑对象	a. 选中编辑对象	a. 选中编辑对象
	b. 单击鼠标右键，选择"可编辑样条线"，进入修改命令面板	b. 单击鼠标右键，选择"可编辑网格"，进入修改命令面板	b. 单击鼠标右键，选择"可编辑多边形"，进入修改命令面板
	c. 根据需要进行相应的操作	c. 根据需要进行相应的操作	c. 根据需要进行相应的操作

应用探究：根据CAD图纸用可编辑多边形命令精确制作户型图

下面根据CAD图纸利用"可编辑多边形"命令精确制作户型图。

1. 单击界面左上角的嵌入式按钮，单击选择"导入"中的"导入"，如图1-113所示。

2. 打开"选择要导入的文件"命令框，将"文件类型"设置为"AutoCAD图形（ *DWG,*DXF ）"，如图1-114所示。

3. 选中文件"墙体户型图"，单击【打开】按钮，如图1-115所示。

图1-114　导入文件类型

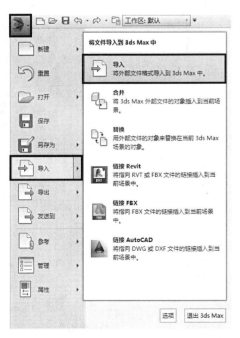

图1-113　导入

图1-115　选中文件

4. 界面中出现"AutoCAD DWG/DXF导入选项"命令框，将"几何体"中的"传入的文件单位"设置为"毫米"，勾选打开"重缩放"，这样可以使导入的图形与CAD中的尺寸大小一致，单击【确定】按钮，如图1-116、图1-117所示。

5. 选中"顶视图"，单击界面右下方的【最大比视口切换】按钮，将"前视图"最大化，如图1-118所示。

6. 框选选中图框，在右侧"创建命令面板"的"名称和颜色"中，单击颜色方块按钮，打开"对象颜色"命令框，选中浅蓝色，单击【确定】按钮，如图1-119、图1-120所示。

7. 在右侧"创建命令面板"的"图形"的"对象类型"中，单击【线】按钮，如图1-121所示。

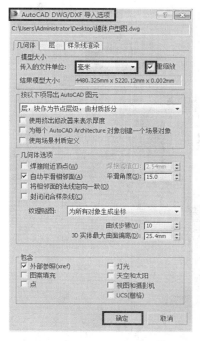

图1-116 "AutoCAD DWG/DXF导入选项"命令框

图1-118 顶视图最大化

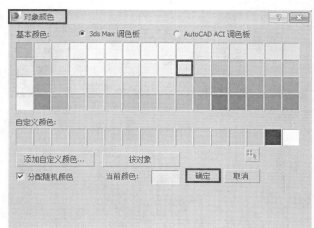

图1-119 浅蓝色

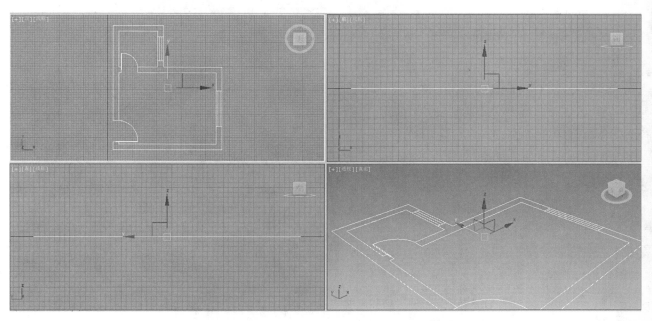

图1-117 导入户型图

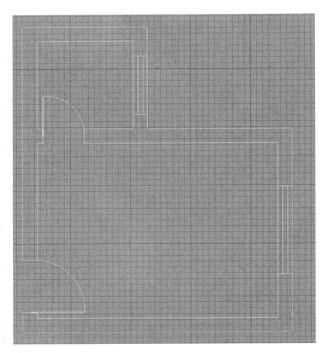

图1-120　浅蓝色图框

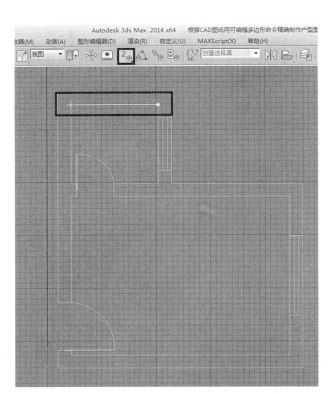

图1-122　捕捉角点

8．单击【捕捉】按钮，通过二维捕捉命令捕捉图框内轮廓的右上角端点为起点，向左移动鼠标点选第二个角点，如图1-122所示。

9．依次沿着内轮廓的逆时针方向点选各个角点，可以通过滑动鼠标滑轮放大或缩小图形，看得更清楚，也可以按住鼠标滑轮移动图形，精确选中，门窗的关键点需要依次点选，如图1-123所示。

图1-121　线按钮

10．重新回到起点，出现"样条线"命令框，单击【是】按钮，闭合样条线，如图1-124所示。

11．完成闭合样条线，单击【移动】按钮，退出捕捉命令，并将图形移动到合适位置。

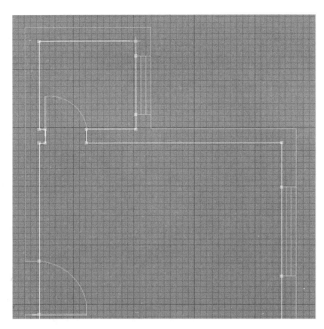

图1-123　点选内轮廓

图1-124　样条线

12. 单击界面右下方的【最大比视口切换】按钮，回到界面中，可以看到闭合的样条线，如图1-125所示。

13. 选中绘制的闭合样条线，在右侧"修改命令面板"中，将"修改序列表"设置为"挤出"，如图1-126所示。

14. 在"参数"中，将"数量"设置为"2700"，"分段"设置为"1"，挤出高为2.7米的模型，如图1-127所示。

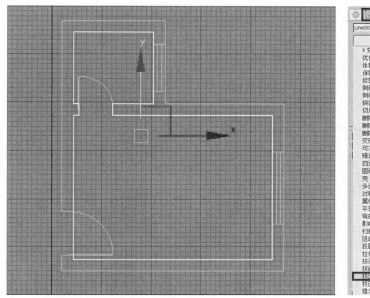

图1-125　闭合样条线

图1-126　挤出

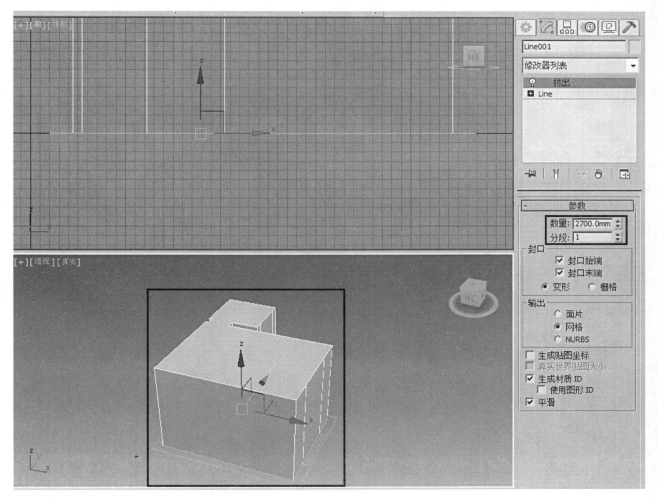

图1-127　挤出模型

15. 选中"透视图"，鼠标移动至"真实"上，单击鼠标【右键】，选择"线框"，在"线框"中继续对模型进行改造，如图1-128、图1-129所示。

16. 选中"透视图"，单击界面右下方的【最大比视口切换】按钮，将"透视图"最大化，选中挤出的模型，在右侧"修改命令面板"中单击颜色方块按钮，打开"对象颜色"命令框，选中红色，单击【确定】按钮，如图1-130、图1-131所示。

首先对门洞和窗户进行处理，增加门洞和窗台。

17. 选中挤出的模型，单击鼠标【右键】，选择"转换为"中的"转换为可编辑多边形"，如图1-132所示。

18. 在右侧"修改命令面板"的"选择"中，单击【边】按钮，在图中框选左侧的门洞线，如图1-133所示。

19. 在"编辑边"中单击"连接"右侧的方块按钮，打开"连接边"命令框，输入数值为"1"，为其连接一条直线，单击对勾按钮，如图1-134、图1-135所示。

20. 选中连接的线，鼠标移动至工具栏的【移动】按钮上方，单击鼠标【右键】，打开"移动变换输入"命令框，在"绝对：世界"中将"Z"轴（即线的高度）设置为"2300"，如图1-136、图1-137所示。

图1-128　选择线框　　　图1-129　线框图

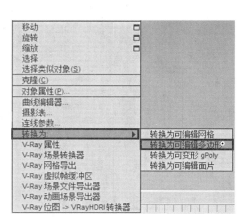

图1-131　红色线框

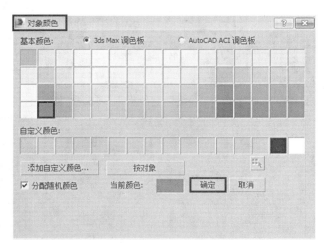

图1-130　"对象颜色"命令框

图1-132　转换

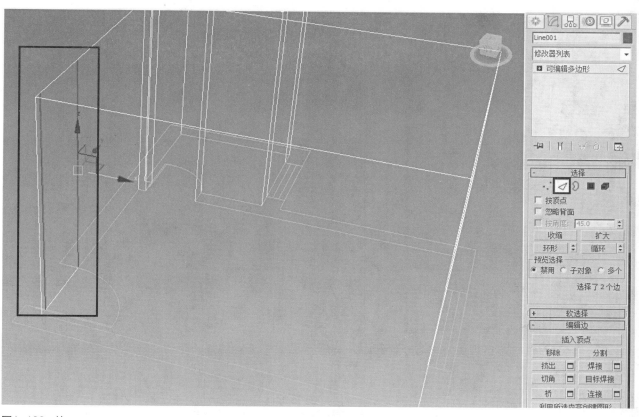

图1-133　边

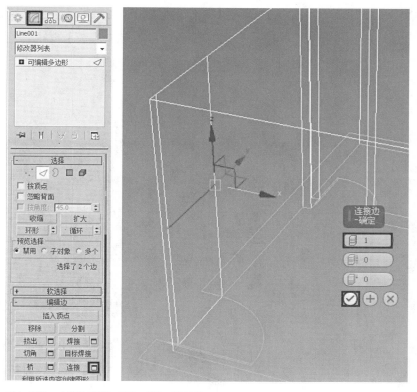

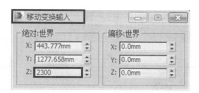

图1-136　移动变换输入

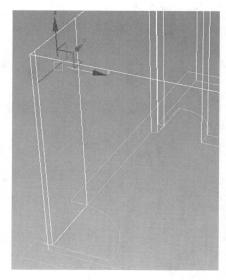

图1-134　小方块按钮　图1-135　连接边　　　　　　　图1-137　2300高

图1-138　选择面

21.在"选择"中，单击【多边形】按钮，在图中双击鼠标选中门洞，如图1-138所示。

22.在"编辑多边形"中单击"挤出"右侧的小方块按钮，将选中的门洞面进行挤出，打开"挤出多边形"命令框，输入数值为"120"，单击对勾按钮，如图1-139、图1-140所示。

按住键盘上的【Alt】键，可以在界面中任意角度转动模型。

23.对于中间门上方框梁的处理，在右侧"修改命令面板"的"选择"中，单击【边】按钮，在图中框选中间门洞右侧的两条竖直线，如图1-141所示。

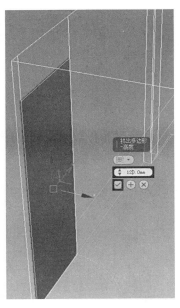

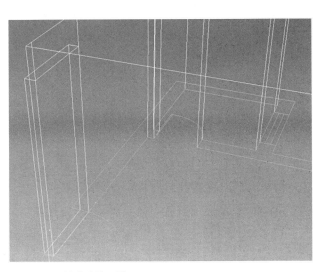

图1-139　挤出多边形①　　　　**图1-140　挤出多边形②**

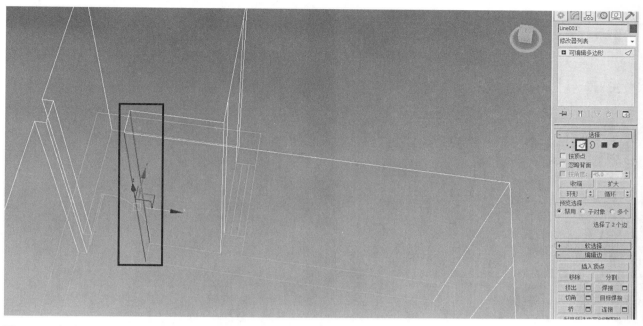

图1-141　框选边

24．单击"编辑边"中"连接"右侧的小方块
按钮，打开"连接边"命令框，输入数值为"1"，
单击对勾按钮，在两条竖直线间连接一条直线，如
图1-142所示。

25．移动鼠标到工具栏中的【移动】按钮上，
单击鼠标【右键】，打开"移动变换输入"命令框，
在"绝对：世界"的"Z"轴（即线的高度）输入数
值为"2300"，如图1-143所示。

26．在右侧"修改命令面板"的"选择"中，
单击【多边形】按钮，在图中双击鼠标选中连接直
线的上方面，如图1-144所示。

27．在"编辑多边形"中单击"挤出"右侧的
小方块按钮，打开"挤出多边形"命令框，输入数
值为"-120"（这里的数值输入不固定，但必须为
负数），单击对勾按钮，如图1-145所示。

28．在图中，选中影响轴的"Y"轴，将其向
另一侧门洞边进行拉伸，直至重合或稍微超出一
点，如图1-146所示。

这样，中间门洞上方的框梁就制作完成了，如
图1-147所示。

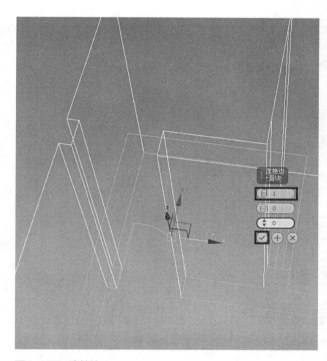

图1-142　连接边

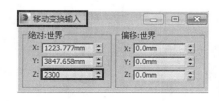

图1-143　Z轴数值

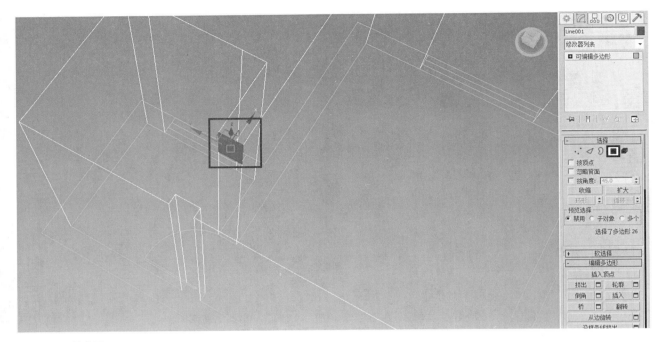

图1-144　选中面

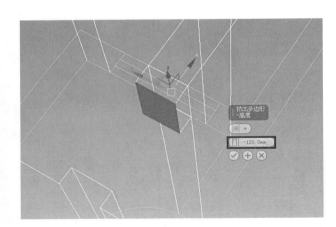

图1-145　挤出多边形

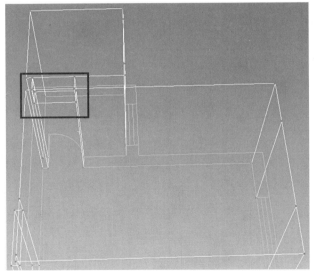

图1-147　框梁

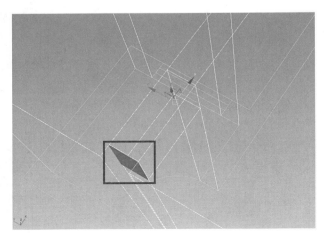

图1-146　拉伸

29. 在右侧"修改命令面板"的"选择"中，单击【边】按钮，在图中框选右侧窗户的两条竖直线，如图1-148所示。

30. 单击"编辑边"中"连接"右侧的小方块按钮，打开"连接边"命令框，输入数值为"2"，单击对勾按钮，在两条竖直线间连接两条直线，如图1-149所示。

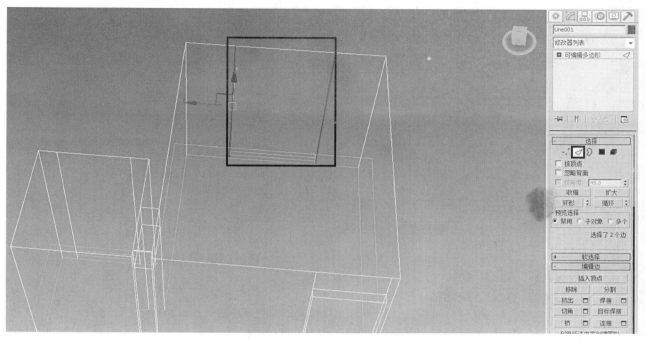

图1-148　窗户边线

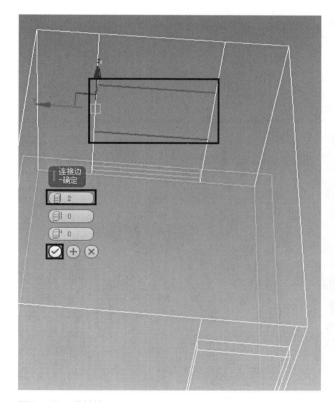

图1-149　连接边

31. 在图中，选中连接的下边线，移动鼠标到工具栏中的【移动】按钮上，单击鼠标【右键】，打开"移动变换输入"命令框，在"绝对：世界"的"Z"轴（即线的高度）输入数值为"900"，如图1-150所示。

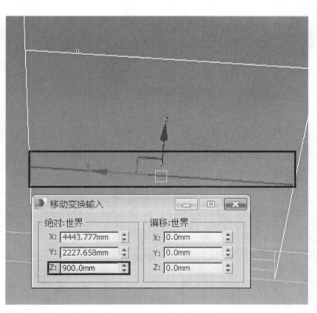

图1-150　移动变换输入

32. 在图中，选中连接的上边线，移动鼠标到工具栏中的【移动】按钮上，单击鼠标【右键】，打开"移动变换输入"命令框，在"绝对：世界"的"Z"轴（即线的高度）输入数值为"2500"，如图1-151、图1-152所示。

33. 在右侧"修改命令面板"的"选择"中，单击【多边形】按钮，在图中选中边线间的面，在"编辑多边形"中单击"挤出"右侧的小方块按钮，打开"挤出多边形"命令框，输入数值为"120"，单击对勾按钮，完成外面窗户窗台的挤出，如图1-153、图1-154所示。

34. 按照同样的方法步骤和数据，挤出户型图右侧上方的小窗户，如图1-155所示。

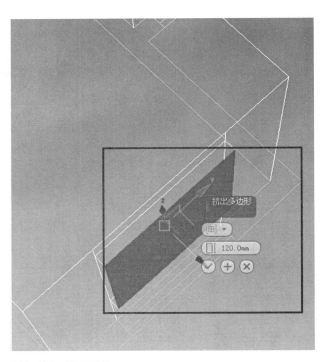

图1-153　挤出窗户

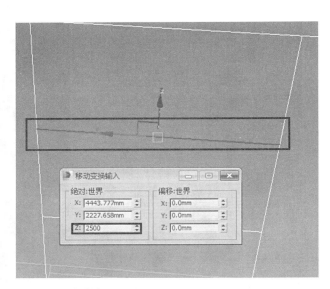

图1-151　上边线

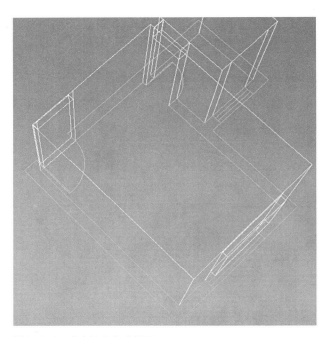

图1-154　窗户挤出完成效果

35. 单击界面右下方的【最大比视口切换】按钮，回到界面中，如图1-156所示。

36. 选中"透视图"，鼠标移动至"线框"上，单击鼠标【右键】，选择"真实"，看到真实效果，如图1-157、图1-158所示。

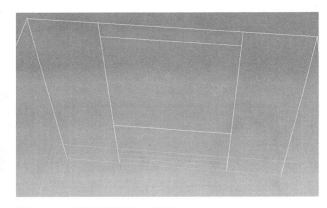

图1-152　边线精确移动完成效果

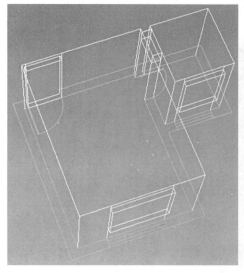

图1-155　小窗户挤出完成效果

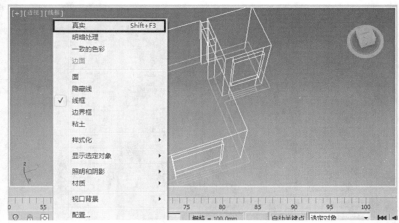

图1-157　真实

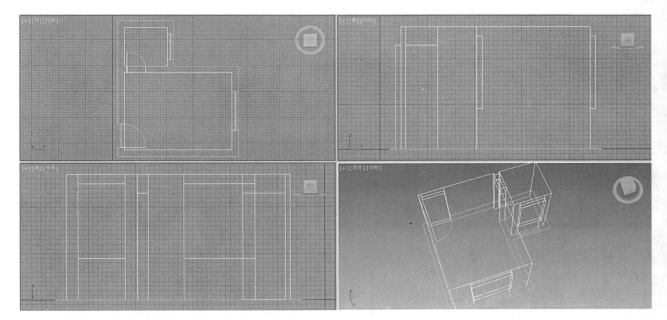

图1-156　线框整体效果

37. 在"透视图"中选中房顶，按键盘上的【Delete】键进行删除，如图1-159、图1-160所示。

38. 选中挤出的两个窗台，按键盘上的【Delete】键进行删除，如图1-161所示。

这样，房体的户型图就制作完成了。

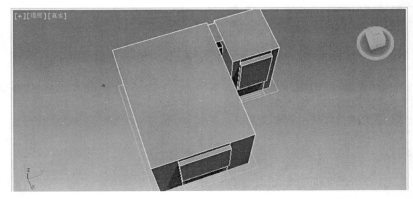

图1-158　真实透视效果

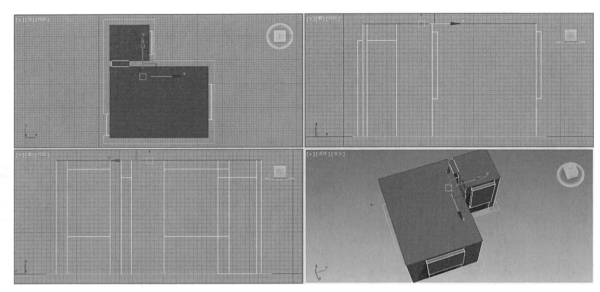

图1-159　选中房顶

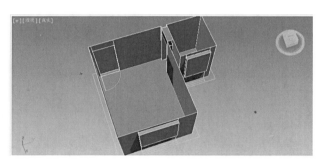

图1-160　删除房顶效果

图1-161　删除窗户面效果

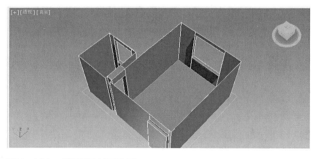

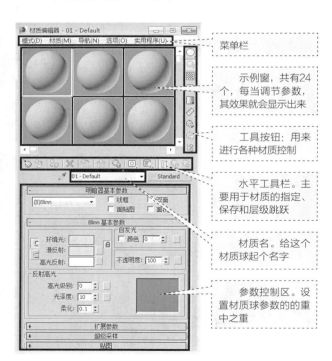

1.4　材质编辑器与VRay控制面板功能解析

1.4.1　材质编辑器解析

1. 材质示例窗区（图1-162）

材质编辑器 - 01 - Default
模式(D)　材质(M)　导航(N)　选项(O)　实用程序(U)
01 - Default
Standard
明暗器基本参数
(B)Blinn
线框
双面
面贴图
Blinn 基本参数
自发光
颜色
环境光:
漫反射:
高光反射:
不透明度:
100
反射高光
高光级别:
光泽度:
10
柔化:
0.1
扩展参数
超级采样
贴图
菜单栏
示例窗，共有24个，每当调节参数，其效果就会显示出来
工具按钮：用来进行各种材质控制
水平工具栏。主要用于材质的指定、保存和层级跳跃
材质名。给这个材质球起个名字
参数控制区。设置材质球参数的的重中之重

图1-162　材质编辑器界面

2. 水平工具栏（图1-163）

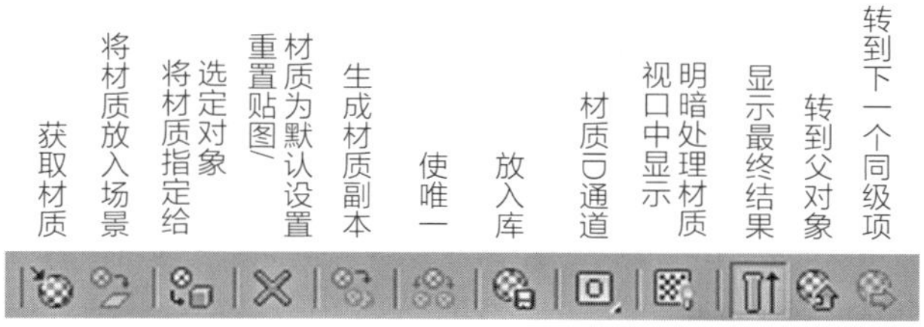

获取材质
将材质放入场景
将材质指定给选定对象
重置贴图/材质为默认设置
生成材质副本
使唯一
放入库
材质ID通道
视口中显示明暗处理材质
显示最终结果
转到父对象
转到下一个同级项

图1-163　水平工具栏功能按钮

3. 材质/贴图浏览区（图1-164）

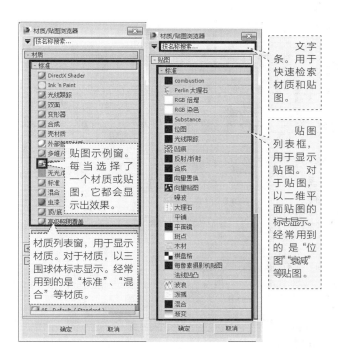

图1-164　材质与贴图浏览器

名称	功能作用
INK'n Paint	提供一种带"勾线"的均匀填色方式，主要用于制作卡通渲染效果
标准	经常用到的材质类型
重漆	将一种材质叠加到另一种上
顶/底	为物体顶部表面和底部表面分别指定两种不同的材质
多维/子对象	可以组合多个材质同时指定给同一物体，根据物体在次物体级别选择面的材质ID号进行材质分配，材质可以多层嵌套
光线跟踪	通过参数控制，模拟现实中的光的衰减、反射、折射
合成	最多将10种材质复合叠加在一起，使用增加颜色、减去颜色或者不透明度混合的方式进行叠加
混合	由两种或更多的次材质所结合成的材质，用于为物体创建混合的效果
建筑	对于建筑相关的材料有相应的模板可以使用
壳材质	用于创建相应的烘焙纹理贴图
双面	为物体内外表面分别指定两种不同的材质，法线向外的一种，法线向内的一种
无光/投影	该材质能够使物体成为一种不可见物体，从而显露出当前的环境贴图

4. "Standard"参数控制区（图1-165、图1-166）

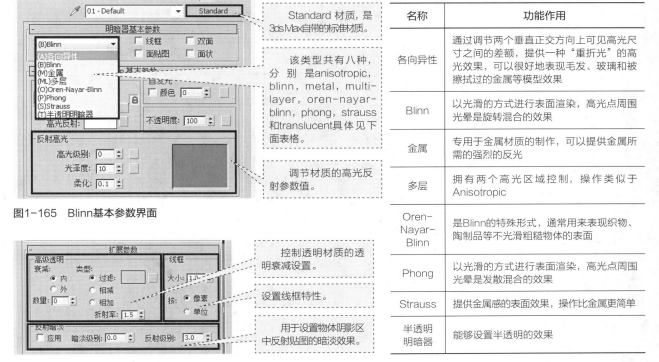

图1-165　Blinn基本参数界面

图1-166　扩展参数面板

名称	功能作用
各向异性	通过调节两个垂直正交方向上可见高光尺寸之间的差额，提供一种"重折光"的高光效果，可以很好地表现毛发、玻璃和被擦拭过的金属等模型效果
Blinn	以光滑的方式进行表面渲染，高光点周围光晕是旋转混合的效果
金属	专用于金属材质的制作，可以提供金属所需的强烈的反光
多层	拥有两个高光区域控制，操作类似于Anisotropic
Oren-Nayar-Blinn	是Blinn的特殊形式，通常用来表现织物、陶制品等不光滑粗糙物体的表面
Phong	以光滑的方式进行表面渲染，高光点周围光晕是发散混合的效果
Strauss	提供金属感的表面效果，操作比金属更简单
半透明明暗器	能够设置半透明的效果

5. 贴图卷展栏（图1-167）

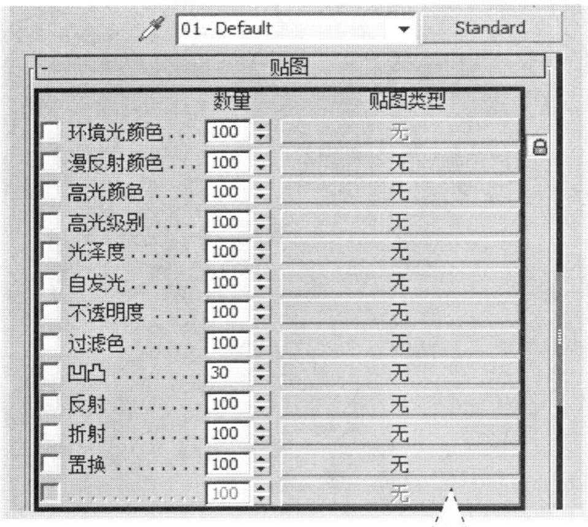

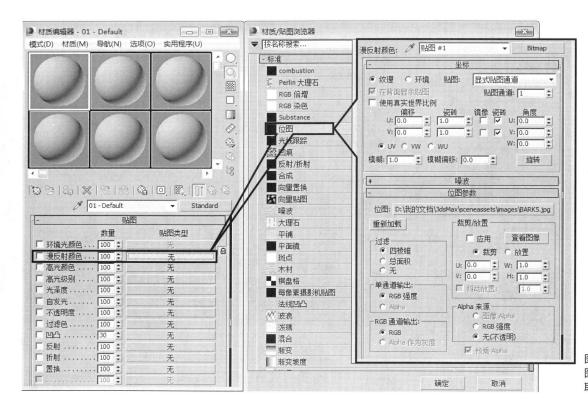

选择不同的贴图方式，可以产生不同的贴图效果。数量下面的数值控制贴图的程度；右侧的长条按钮，点取可以调出材质/贴图浏览器。具体的贴图可见下表。

图1-167　贴图卷展栏面板

名称	功能作用
环境光颜色	为物体的环境指定位图或程序贴图
漫反射颜色	用于表现材质的纹理效果
高光级别	通过贴图来改变物体高光部分的强度。白色的像素产生完全的高光区域，而黑色的像素则将高光部分彻底移除，处于两者之间的颜色不同程度地削弱高光强度
光泽度	通过贴图来影响物体高光出现的位置。白色的像素将光泽度彻底移除，而黑色的像素则产生完全的光泽，处于两者之间的颜色不同程度地减少高光区域的面积
自发光	贴在物体表面的图像产生发光效果，图像中纯黑色的区域不会对材质产生影响，其他区域将会根据自身的灰度值产生不同的发光效果
不透明度	利用图像的明暗度在物体表面产生透明效果，纯黑色的区域完全透明，纯白色的区域完全不透明
过滤色	专用于过滤方式的透明材质
凹凸	通过图像的明暗强度来影响材质表面的光滑程度，白色图像产生凸起，黑色图像产生凹陷，中间色产生过渡
反射	通常用于表面比较光滑的物体，可以制作出光洁亮丽的质感，如金属的强烈反光质感
折射	用于制作透明材质的折射效果。是在透明材质的"反射"和"折射"贴图上添加了"光线跟踪"类型的贴图后的效果
置换	是根据贴图图案灰度分布情况对几何体表面进行置换，与"凹凸贴图"不同，它可以真正改变对象的几何形状

1.4.2　贴图类型解析（图1-168～图1-171）

图1-168　位图贴图材质获取流程

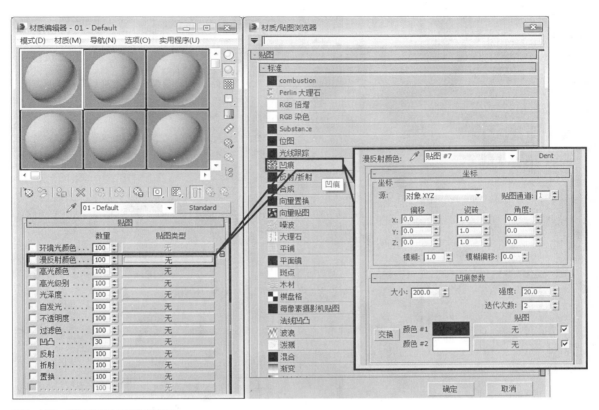

图1-169　凹痕贴图材质获取流程

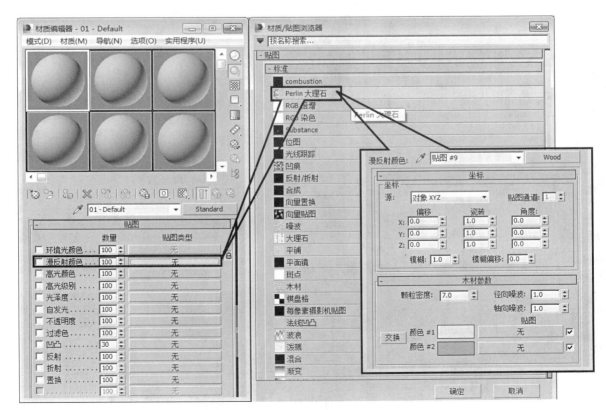

图1-170　大理石贴图材质获取流程

名称	分类	操作要点
二维贴图	位图	使用一张位图图像作为贴图，这是最常用的贴图类型
三维贴图	凹痕贴图	将该贴图应用于"漫反射颜色"和"凹凸"贴图时，可以在对象的表面上创建凹痕纹理，可用来表现路面的凹凸不平或物体风化和腐蚀的效果
	大理石贴图	用于制作大理石贴图效果，也可用来制作木纹纹理
UVW贴图		贴图坐标修改器是用于控制纹理贴图正确显示在物体上的修改器，贴图位置通过U、V、W尺寸值来调节，"U"代表水平方向，"V"代表垂直方向，"W"代表深度。常用的是"长方体"、"面"

图1-171　UVW贴图修改器操作流程

　　VRay材质是VRay渲染器的专用材质，只有将VRay渲染器设置为当前渲染器后才能设置下面的几种材质。

1.4.3　VRayMtl标准材质功能解析

　　VRayMtl材质是最常使用的一种材质。使用这个材质能够更快地渲染，更方便地控制反射和折射参数，如图1-172所示。

基本名称	作用
漫反射	物体的漫反射来决定所赋予材质的表面颜色。单击色块框可以调整所需要的颜色，单击颜色框右面的按钮可以选择例如：位图等不同的贴图类型
粗糙度	数值越大粗糙效果越明显，例如：布艺沙发绒布效果
反射	通过颜色黑白灰度值来控制反射值的大小，颜色越黑表示反射越弱，反之，颜色越白反射越强（全白会产生镜面反射）。颜色框右面的按钮一般较少使用
光泽度	参数值为0.0，产生非常模糊的反射效果；值为1.0，产生非常明显的镜面反射。注意：打开光泽度将增加渲染时间
细分	控制光线的数量。当光泽度参数值越大渲染图片越清晰
菲涅尔反射	打开时，将产生真实的玻璃反射
最大深度	光线跟踪贴图的最大深度
使用插值	勾选时，VRay能够用一种接近发光贴图的缓存方式来加快模糊折射的计算速度
退出颜色	光线在场景中反射次数达到定义的最大深度值以后，将会停止反射
折射	一种折射倍增器
折射率	用来确定材质的折射率。例如：水1.34、玻璃1.65
最大深度	控制反射次数
烟雾颜色	用烟雾来填充折射物体
烟雾倍增	参数值越小烟雾越透明
影响阴影	用于控制物体产生的透明阴影

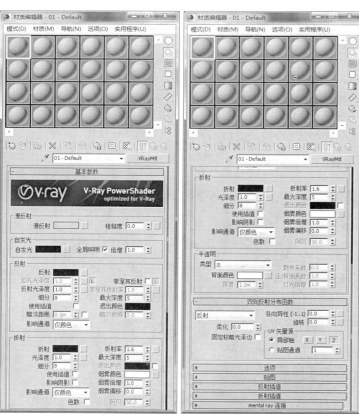

图1-172　VRayMtl材质编辑器控制面板

1.4.4　VRay材质包裹器功能解析

VRay材质包囊器最强大的功能在于可以将标准材质转换为VRay渲染器支持的材质类型，如图1-173所示。例如：彩色乳胶漆的材质。

1.4.5　VRay灯光材质功能解析

VRay灯光材质是一种自发光的材质，通过设置不同的倍增值可以在场景中产生不同的明暗效果，如图1-174所示。例如：灯管材质、电视屏幕材质、环境材质、灯箱材质。

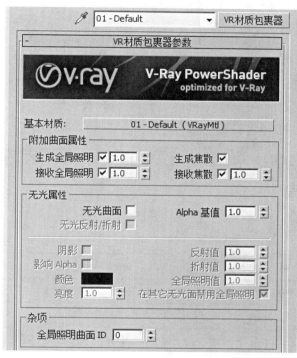

图1-173　VRay材质包囊器参数控制面板

基本名称	作用
基本材质	用于嵌套的材质，此材质是VRay渲染器支持的材质类型
产生全局照明	产生全局光及其强度，控制当前赋予材质包裹器的物体是否计算GI光照的产生，后面的参数控制倍增强度
接收全局照明	接收全局光及其强度，控制当前赋予材质包裹器的物体是否计算GI光照的接收，后面的参数控制倍增强度
产生散焦	被赋予的材质是否产生焦散效果
接收散焦	被赋予的材质是否接收焦散效果
天光曲面	控制当前赋予材质包裹器的物体是否可见，勾选物体将不可见
Alpha基值	控制当前赋予材质包裹器的物体在Alpha通道的状态

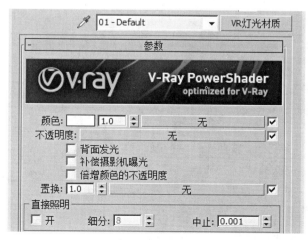

图1-174　VRay灯光材质控制面板

基本名称	作用
颜色	设置自发光材质的颜色
倍增	设置自发光材质的亮度
不透明度	用于将贴图作为自发光设置使用，能遮挡，使部分不发光
背面发光	勾选后两面都将产生自发光效果

1.4.6　VRay双面材质功能解析

VRay双面材质用于表现两面不一样的材质贴图效果，如图1-175所示。

1.4.7　VRay快速SSS功能解析

VRay快速SSS是用来计算次表面散射效果的材质，这是一个内部计算简化了的材质，比VRayMtl材质里的半透明参数的渲染速度更快，如图1-176所示。

1.4.8　VRay覆盖材质功能解析

可以更广泛地控制场景的色彩融合、反射、折射，如图1-177所示。

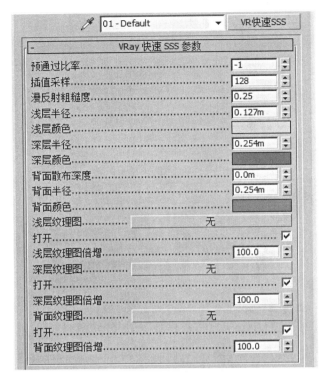

图1-176　VRay快速SSS控制面板

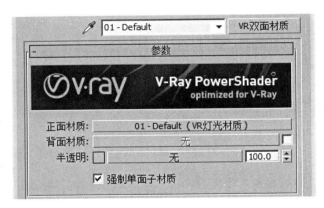

图1-175　VRay双面材质控制面板

基本名称	作用
正面材质	设置物体正面材质为任意材质
背面材质	设置物体背面材质为任意材质
半透明	控制两种以上两种材质的混合度

基本名称	作用
预通过比率	值为0不产生通过比率，−1通过效果相差一半
插值采样	用插值的算法来提高精度
漫反射粗糙度	数值越大粗糙度程度越高，吸收光线越多，越不光滑
浅层半径	依照场景尺寸来衡量物体浅层的次表面散射半径
浅层颜色	控制次表面散射的浅层颜色
深层半径	依照场景尺寸来衡量物体深层的次表面散射半径
深层颜色	控制次表面散射的深层颜色
背面散布深度	调整材质背面次表面散射的深度
背面半径	调整材质背面次表面散射的半径
背面颜色	调整材质背面次表面散射的颜色
浅层纹理图	用浅层半径来附着的纹理贴图
深层纹理图	用深层半径来附着的纹理贴图
背面纹理图	用背面散射深度来附着的纹理贴图

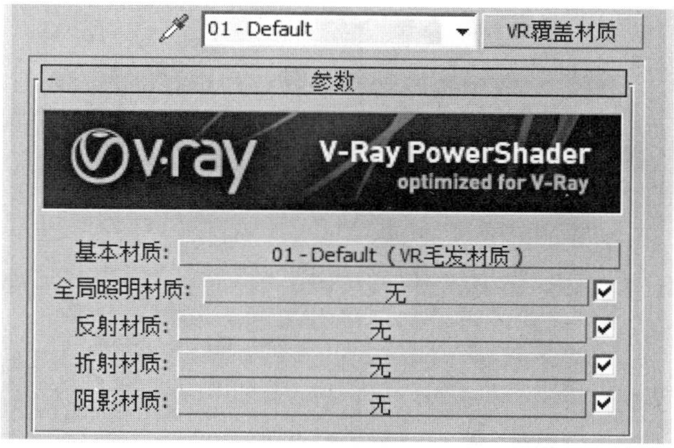

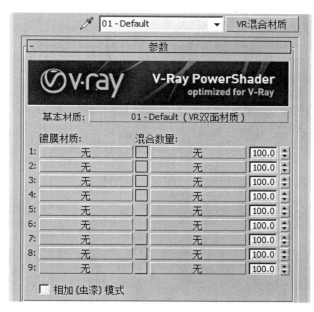

图1-177　VRay覆盖材质控制面板

基本名称	作用
基本材质	设置被替代物体的基本材质
全局光材质	被设置的材质将替代基本材质参与到全局照明的效果当中
反射材质	被设置的材质将作为基本材质的反射效果，在反射里看到
折射材质	被设置的材质将作为基本材质的折射效果，在折射里看到
阴影材质	基本材质的阴影将用该参数中的材质来控制，而基本材质的阴影将无效

1.4.9　VRay混合材质功能解析

可以让多个材质以层的方式混合来模拟物理世界中的复杂材质，如图1-178所示。例如：花纹窗纱材质。

图1-178　VRay混合材质控制面板

基本名称	作用
基本材质	被设置混合的第一种材质层
镀膜材质	被设置用于与"基本材质"混合在一起的其他材质层
混合数量	用于设置两种以上两种材质层的透明度比例。注意：颜色为黑色，完全显示基础材质层的漫反射颜色；颜色为白色，完全显示镀膜材质层的漫反射颜色

1.5　3ds Max灯光与VRay灯光照明编辑器控制面板功能解析

1.5.1　3ds Max灯光功能解析

在大多数场景中，使用的灯光一般可以分为自然光和人造光两大类。

1. 3ds Max标准灯光的类型（图1-179）

名称	功能作用
泛光灯	似于普通灯泡，它在所有方向上传播光线，并且照射的距离非常远，能照亮场景中所有的模型
聚光灯	类似于舞台上的射灯，可以控制照射方向和照射范围，它的照射区域为圆锥状。聚光灯有两种类型：目标聚光灯和自由聚光灯
平行光灯	在一个方向上传播平行的光线，通常用于模型强大的光线效果如太阳光线、探照灯的光线等，它的照射区域为圆柱状
天光	可以用来模拟日光效果。而且可以自行设置天空的颜色或为其指定贴图。选择该种类型的灯光，在视图中单击鼠标即可创建

图1-179　标准灯光类型界面

2. 光度学灯光的类型（图1-180）

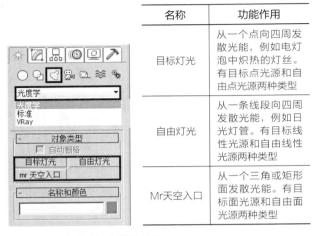

名称	功能作用
目标灯光	从一个点向四周发散光能，例如电灯泡中炽热的灯丝。有目标点光源和自由点光源两种类型
自由灯光	从一条线段向四周发散光能，例如日光灯管。有目标线性光源和自由线性光源两种类型
Mr天空入口	从一个三角或矩形面发散光能。有目标面光源和自由面光源两种类型

图1-180　光学度灯光类型界面

3. 3ds Max标准灯光参数卷展栏面板

1）常规参数（图1-181）

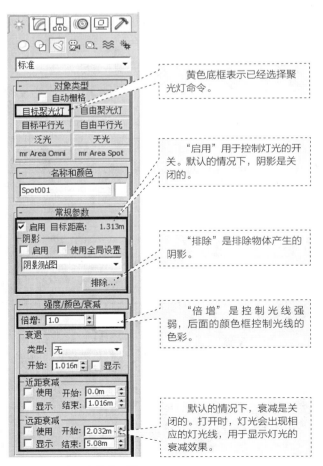

黄色底框表示已经选择聚光灯命令。

"启用"用于控制灯光的开关。默认的情况下，阴影是关闭的。

"排除"是排除物体产生的阴影。

"倍增"是控制光线强弱，后面的颜色框控制光线的色彩。

默认的情况下，衰减是关闭的。打开时，灯光会出现相应的灯光线，用于显示灯光的衰减效果。

图1-181　常规参数卷展栏

2）聚光灯参数卷展栏（图1-182）

当用户创建了目标聚光灯、自由聚光灯或是以聚光灯方式分布的光度学灯光物体后，就会出现"聚光灯参数"卷展栏，如图1-182所示。

只有安装VRay渲染器，才能在"灯光"创建面板中选择VRay光源。VRay光源最常用的两种类型分别是"VR灯光"、"VR太阳"，如图1-183所示。

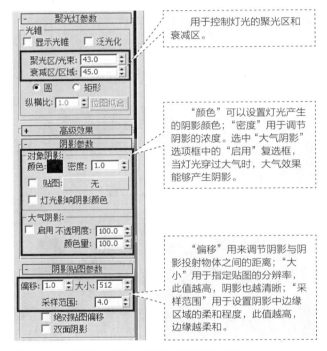

用于控制灯光的聚光区和衰减区。

"颜色"可以设置灯光产生的阴影颜色；"密度"用于调节阴影的浓度。选中"大气阴影"选项框中的"启用"复选框，当灯光穿过大气时，大气效果能够产生阴影。

"偏移"用来调节阴影与阴影投射物体之间的距离；"大小"用于指定贴图的分辨率，此值越高，阴影也越清晰；"采样范围"用于设置阴影中边缘区域的柔和程度，此值越高，边缘越柔和。

图1-182　聚光灯、阴影与阴影贴图参数卷展栏

图1-183　打开VRay灯光与类型

1.5.2　VRay灯光编辑器控制面板功能解析

VRay灯光可以作为室内外主光源和补充光源，在制作效果图中经常使用，其参数面板如图1-184所示。

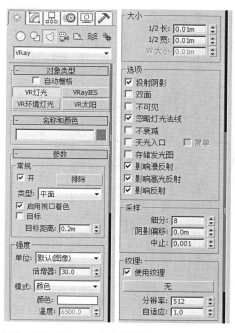

图1-184　VRay灯光参数控制面板

图1-185　VR阳光参数控制面板

基本名称	作用
开	打开/关闭VRay灯光
排除	排除灯光照射对象
类型	平面-此类型的光源下VRay光源呈现平面形状；球体-此类型的光源下VRay光源呈现球形；穹形-此类型的光源下VRay光源呈现穹顶状
颜色	控制VRay光源的发光色彩，例如：白天发散偏黄色等暖色光源，夜晚发散偏蓝紫色等冷色光源
倍增器	控制VRay光源的亮度以及强度
尺寸	半长-光源的U向尺寸；半宽-光源的V向尺寸；W尺寸-光源的W向尺寸
双面	灯光为平面光源时，勾选会从两个面发射光源
不可见	勾选后，渲染图片时发光体不可见，一般情况下都需要勾选
忽略灯光法线	关闭，能够模拟真实的光线；打开，渲染的效果更加平滑
不衰减	不勾选，光线将随着模拟的空间距离而衰减，光线就会更加自然
存储发光贴图	勾选并且全局照明设定为Irradiance map时，VRay会再次计算VRayLight的效果并且将其存储到光照贴图中
影响漫射	控制灯光是否影响物体的漫反射
影响反射	控制灯光是否影响物体的反射，勾选则表示影响，在物体反射的时候就会看到这个发光源的轮廓
细分	参数值越大，阴影越细腻，渲染时间越长
阴影偏移	参数值越大，阴影的偏移越大

1.5.3　VRay太阳编辑器控制面板功能解析

VRay太阳可以模拟室外真实的太阳光线，通过"VRay太阳参数"展卷栏可以调节不同效果类型的太阳光，如图1-185所示。

基本名称	作用
启用	打开/关闭阳光
不可见	开启勾选后，渲染的过程中将不会出现发光的形状点
浊度	设置空气的透明度，参数值越大，空气越不透明，光线会越暗
臭氧	设置臭氧层的稀薄度，参数值越小，到达地面的光能越多
强度倍增器	设置阳光的强度、亮度
大小倍增器	值越大，太阳的阴影就越模糊
阴影细分	设置阴影的细致程度，较大的值可以使模糊区域的阴影产生比较光滑的效果
阴影偏移	设置阴影的偏移距离
排除	将不需要的物体（如背景墙）排除在阳光照射的范围之外（即穿透背景墙，不受其遮挡）

1.6　3ds Max摄像机与VRay物理相机和控制面板功能解析

1.6.1　3ds Max摄影机功能解析

　　摄影机通常是一个场景中必不可少的组成单位，最后完成的静态、动态图像都要在摄影机视图中表现，如图1-186所示。

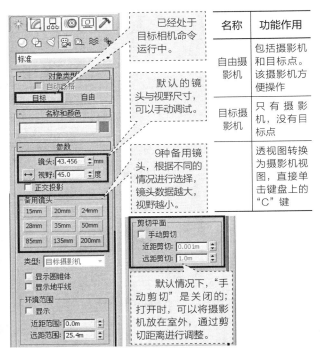

名称	功能作用
自由摄影机	包括摄影机和目标点。该摄影机方便操作
目标摄影机	只有摄影机，没有目标点
	透视图转换为摄影机视图，直接单击键盘上的"C"键

图1-186　摄影机的参数

1.6.2　VRay物理相机功能解析

　　VRay物理相机能模拟真实成像，能更轻松的调节透视关系，如图1-187、图1-188所示。

图1-187　打开VRay相机

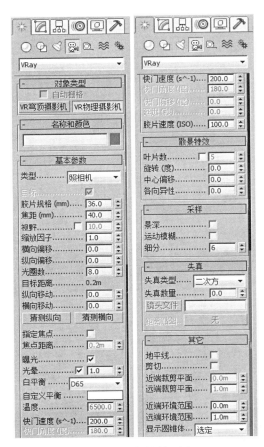

图1-188　VRay物理相机控制面板

基本名称	作用
缩放因数	设置最终图像的近、远效果
焦距比数	设置焦距光圈大小 注意：系数越小口径越大，光通亮越大，主体越清晰
快门速度	用于设置快门速度 注意：数字越大越快，快门速度越小，实际速度越慢，通过的光线越多，主体越清晰
胶片速度ISO	设置照相机的感光系数 注意：白天ISO控制在100～280，黄昏或阴天ISO控制在290～300，夜晚ISO控制在310～400

1.6.3　VRay摄像机面板功能解析

　　VRay摄像机是系统里的一个摄像机特效功能，其参数面板如图1-189所示。

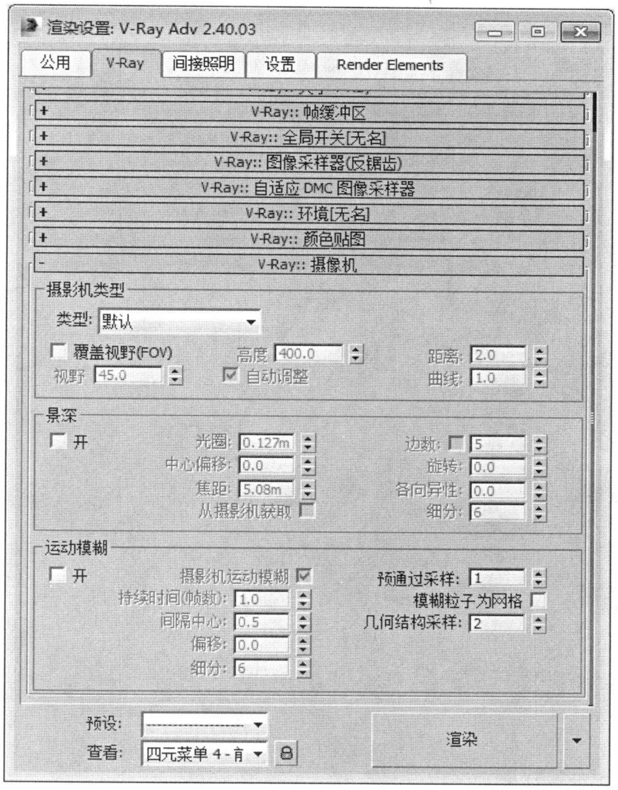

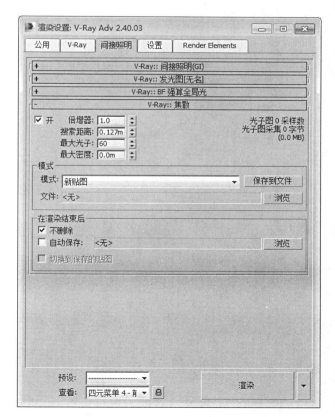

图1-189　VRay摄像机控制面板

基本名称	作用
开	是否打开景深效果
光圈	设置摄像机的光圈大小。光圈参数调大，图像模糊程度将加强
中心偏移	设置模糊中心的位置。 注意：值为正数时，模糊中心位置向物体内部偏移；值为负数时，模糊中心位置向物体外部偏移
焦距	设置焦点到所关注物体的距离 注意：远离视点的物体将被模糊
从摄像机获取	选项激活时，焦点由摄像机的目标点确定
细分	设置景深物效的采样点的数量 注意：参数值越大效果越好

1.6.4　VRay焦散控制面板功能解析

焦散是影像中一种特殊的物理效果，其参数面板如图1-190所示。

图1-190　VRay 散焦控制面板

基本名称	作用
倍增器	设置散焦强度
搜索距离	设置投射在物体平面上的光子距离 注意：较小数值会渲染出斑状效果，较大数值会渲染出模糊效果
最大光子	设置投射在物体平面上的最大光子数量 注意：光子数量高于默认值，效果会比较模糊，低于默认值，散焦效果消失
最大密度	用于控制光子的最大密集程度 注意：默认值为0，散焦效果比较锐利

02

Application and Method of Key Technical Parameters
of Daytime Scene in Interior Design

第2章

室内设计中白天场景关键技术参数应用与方法

2.1　室内房体单面建模与合并模型技术

2.1.1　调试单位

1. 打开"菜单栏"中单击【自定义（U）】，在其下滑栏中选择【单位设置（U）】，如图2-1所示。

2. 在【单位设置】命令框中，首先单击【系统单位设置】，【系统单位比例】下滑单位栏（英寸▼）当中选取单位为"毫米"，单击【确定】；然后点开【公制】前的圆圈按钮，选取

图2-1　选择单位设置命令

图2-2　系统单位设置调试

单位为"毫米"，设置完成后，单击【确定】，退出【单位设置】命令框，如图2-2所示。

2.1.2　创建长方体

1. 在系统界面右侧的"命令面板"中的【创建命令面板】（ ✦ ）下，单击【几何体】中的【长方体】，创建一个长方体，如图2-3所示。

2. 在"顶视图"中，按住鼠标【左键】不放，在屏幕上由"左上角"向"右下角"方向拖动，拖至合适位置，此时就会确定"长方体"的"长"和"宽"。

图2-3　选择长方体命令

松开鼠标【左键】，将鼠标向屏幕上方拖动，拖动至合适位置，接着单击鼠标【左键】。这样，一个长方体的盒子创建完成了，如图2-4所示。

3. 在右侧"创建命令面板"中，将【参数】展卷栏中的"长度""宽度""高度"进行数值设置，长度为"5000"，宽度为"5000"，高度为"2700"（单位：毫米），这样就完成一个5m×5m，高为2.7m的精确房间绘制，如图2-5所示。

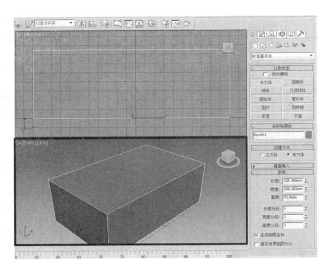

图2-4　创建长方体

提示：（1）"双击"要修改的数字可以全部选中进行修改。

（2）右击数字后面的三角形按钮，可以调0，进行修改数字。

4. 单击【修改】按钮（  ），在"修改命令面板"中可以对"名称"、"色彩"进行修改设置，将"Box001"修改为"房体"，颜色为系统默认的颜色，在【修改器列表】展卷栏中选择"法线"，默认为"翻转法线"，如图2-6～图2-8所示。

图2-5　长方体参数设置　　图2-7　选取法线命令

5. 在"透视图"中，将鼠标指示针移动到【真实】处单击鼠标【右键】，将"真实"修改为"线框"，如图2-9所示。

6. 在"主工具栏"中，打开"二维对象捕捉"。先单击【对象捕捉】（快捷键"S"）图标（  ），然后单击鼠标【右键】，打开【栅格和捕捉设置】命令框，勾选"栅格点"和"顶点"，关闭"栅格和捕捉设置"命令框进行保存，如图2-10所示。

图2-8　翻转法线　　图2-9　转换为线框视图

7. 在"主工具栏"当中，单击【选择并移动】（快捷键"W"）。在"顶视图"中，单击鼠标【左键】将房体"左下角"拖动至中心坐标原点，移动到原点后，把【捕捉开关】关闭，或按键盘"S"键（如果不关闭，会影响后期制作）如图2-11所示。

图2-6　选择修改器列表

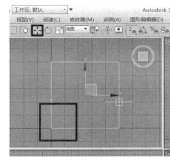

图2-10　捕捉命令的栅格和捕捉设置　　图2-11　坐标原点对齐

2.1.3　分离与创建地面

1. 在"顶视图"中，选中房体单击鼠标【右键】，打开"显示与变换"面板，在【转换为】中选择【转换为可编辑多边形】，如图2-12所示。

2. 在"系统界面"右侧的"修改命令面板"中选择【可编辑多边形】展卷栏中的【顶点】（·.·）、【边】（◁）、【边界】（◯）、【多边形】（■）和【元素】（◆）命令（相对应的是键盘上的"1、2、3、4、5"数字键），可以进行相应建模命令的操作，如图2-13～图2-17所示。

3. 按键盘上的数字"4"键，选择【多边形】，

图2-16　多边形　　　　　　图2-17　元素

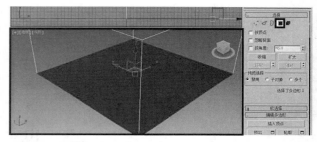

图2-18　双击选中长方体底面

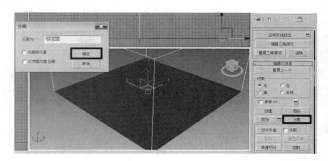

图2-19　分离对象

在【透视图】中"双击"后选中"地面"（即长方体的底面），如图2-18所示。

4. 将右侧的"修改命令面板"向上拖动，在"编辑几何体"展卷栏下，单击【分离】，分离命令框中显示"分离为：对象001"。单击【确定】，将"长方体"底面进行分离，如图2-19所示。

5. 点击右侧"创建命令面板"，在"透视图"中，重新选择刚分离出来的底边边线（或是在真实的视图下选中分离出来的"地面"），按键盘上

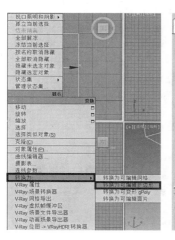

图2-12　转换为可编辑多边形　　　图2-13　顶点

图2-14　边　　　　　　　　　图2-15　边界

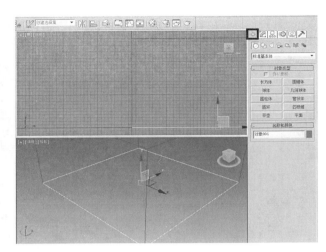

图2-20　删除分离出的底面边线

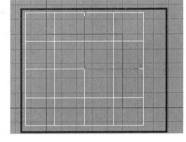

图2-21　选择平面命令　　图2-22　创建地面

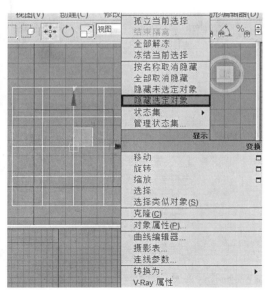

图2-23　隐藏地面

的【Delete】键对其进行删除，如图2-20所示。

6. 单击【标准基本体】下【对象类型】展卷栏中的【平面】，在"顶视图"中创建一个地面，大小以包裹墙体为准，如图2-21、图2-22所示。

7. 创建完成地面以后，单击鼠标【右键】弹出"显示与变换"面板。选择【隐藏选定对象】，将刚创建的地面进行隐藏，如图2-23所示。

2.1.4　可编辑多边形编辑建模落地窗户

1. 选中房体后，在右侧"修改命令面板"中，单击【可编辑多边形】中【选择】展卷栏下【边】的命令（快捷键2）（◁）。在"前视图"中对左侧重合的两条线进行"框选"，通过"透视图"可以看到窗口的两条"边线"已经变"红"，表示已经被选中，如图2-24所示。

2. 将右侧"修改命令面板"向上滑动，单击【编辑边】展卷栏下的【连接】按钮后面的"框"（连接　□），在"连接边分段"命令框中输入"2"，单击【对号】以示确认，如图2-25所示。

3. 在"左视图"中，先选择刚连接出来的下面的"边线"，移动鼠标到【移动并选择】（快捷键"W"）（✥）上方，单击鼠标【右键】。此时会弹出【移动

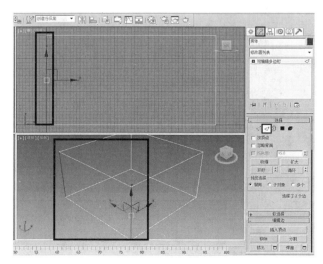

图2-24　框选窗体的两条竖线

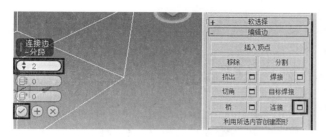

图2-25　连接分段产生窗体

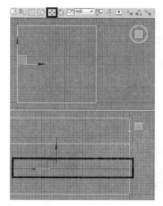

图2-26　选择连接的地面线

变换输入】命令框，将"Z"值设置为"150"按一下键盘上的"Enter"键，关闭【移动变换输入】命令框，如图2-26、图2-27所示。

直接在状态栏Z中修改数值为150。

4. 在右侧"修改命令面板"的在【选择】展卷栏下单击【多边形】（快捷键数字"4"）（ ■ ）。在"透视图"中选择下面的窄面，单击右侧编辑多

边形下面【挤出】后的"框"（ 挤出 □ ），此时会弹出"挤出多边形"命令框，将其"挤出高度"的数值修改为"-120"（ ↕ -120 ），单击【对号】（ ☑ ）以示正确，如图2-28、图2-29所示。

5. 同上所示，在"透视图"中单击【边】按钮（快捷键数字"Z"），选中刚连接出来上面的"边"线，移动鼠标选择【移动并选择】（快捷键"W"）上方，单击鼠标【右键】，弹出【移动变换输入】命令框，将"Z"值设置为"2600"按下键盘上的"Enter"键，关闭【移动变换输入】命令框，如图2-30所示。

或用另一种方法直接在下方状态栏"Z"中修改数值为2600。

选中"底面"的上边线，如图2-31所示。

6. 按住键盘上的【Ctrl】键，点选上边线，如图2-32所示。

7. 将右侧"修改命令面板"向下滑动，单击【编辑边】展卷栏中的【连接】右面的"框"按钮（ 连接 □ ），设置分段数值为"3"（ ↕ 3 ），单

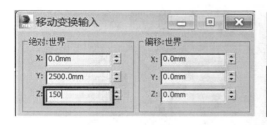

图2-27　输入勒脚Z坐标值

图2-29　挤出的效果

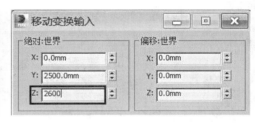

图2-30　输入窗顶部高Z坐标值

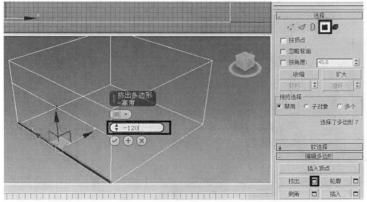

图2-28　挤出勒脚数值设置

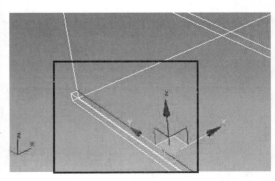

图2-31　选中窗底面边线

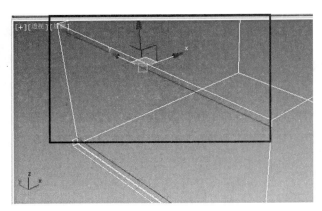

图2-32　选中窗顶面边线

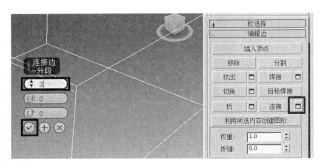

图2-33　输入连接数值

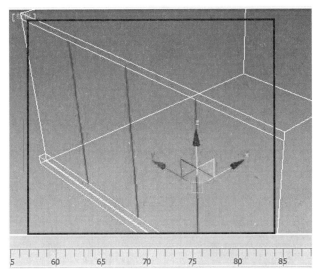

图2-34　平均分段产生窗体

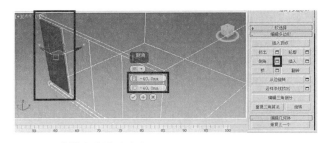

图2-35　倒角设置产生窗扇

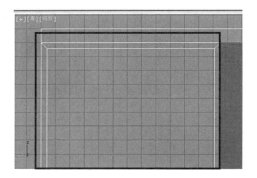

图2-36　倒角效果

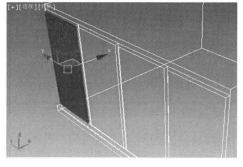

图2-37　落地窗全部倒角效果

击【对号】（☑）按钮以示正确，将房体平均分为四扇落地窗，如图2-33、图2-34所示。

8. 单击【多边形】按钮（■）（或按键盘上的数字"4"），在"透视图"中，依次对四扇落地窗进行设置，将右侧栏向下滑动，选中最左侧的落地窗，单击【倒角】后面的"框"（倒角 □），将"高度"数值设置为"-40"（□ -40.0mm），"轮廓"设置"-40"（□ -40.0mm），单击【对号】（☑），如图2-35所示。在"左视图"中可以看到设置效果，如图2-35、图2-36所示。

9. 依次选中其他三扇落地窗进行同样的【倒角】设置（倒角 □），因数值默认相同，所以不需重复输入数值，只需要单击【对号】即可，如图2-37所示。

10. 选中最左侧的落地窗，单击【挤出】后面的"框"按钮（挤出 □），设置高度数值为"-10"（↕ -10.0mm），单击【对号】按钮（☑），如图2-38所示。

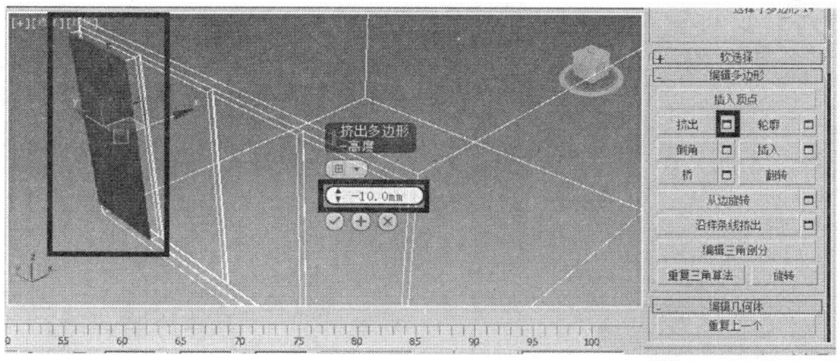

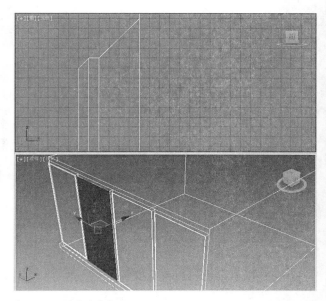

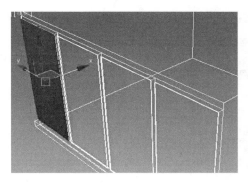

图2-38　挤出窗户厚度

11. 依次选中其他三扇落地窗进行同样的【挤出】，因数值默认相同，所以不重复输入数值，只需要单击【对号】即可，如图2-39所示。

12. 选中最左侧的落地窗，单击【倒角】后面的"框"按钮（倒角　□），将"高度"（□）和"轮廓"（□）都设置为"-10"，单击【对号】确定，来创建玻璃窗面，如图2-40所示。

13. 在"前视图"中进行细致观察，同时在"透视图"中选中玻璃窗面，按【Delete】键将此面删除，如图2-41所示。

14. 依次选中其他三扇落地窗，按以上步骤进行重复设置，如图2-42所示。

这样，一个完整的落地窗户就完成了。

图2-41　删除玻璃窗面

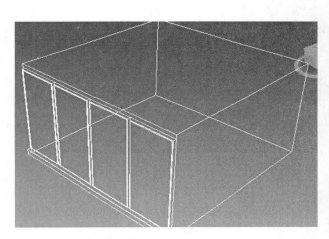

图2-42　透视线框效果显示

2.1.5　创建雨水棚

接下来，对顶棚进行一个分离。

1. 选中顶棚，在"修改命令面板"下，将右侧栏向下滑动，单击【分离】按钮（分离），将名称设置为"顶棚"（顶棚），单击【确定】，如图2-43所示。

图2-39　挤出效果

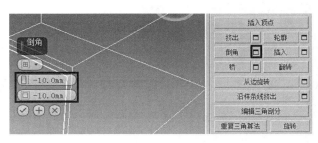

图2-40　输入倒角数值

图2-43　顶棚名称设置

2. 单击"创建"，在"创建命令面板"下，选中顶棚后，在"修改命令面板"下，单击【点】（快捷键"I"）按钮（ ），在"前视图"中，运用框选，将一对"点"同时选中，如图2-44所示。

3. 单击【移动并选择】按钮（ ），打开【移动变换输入】命令框（ 移动变换输入 ），将"屏幕"下的"X"数值设置为"-550"（ X: -550 ）按下键盘上的"Enter"键，如图2-45所示。

4. 关闭【移动变换输入】命令框（ 移动变换输入 ），在界面中看到延伸出的雨水棚，如图2-46所示。

2.1.6　合并室内场景模型

将"模型"合并到创建的房体中。

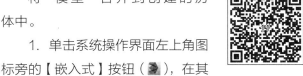

1. 单击系统操作界面左上角图标旁的【嵌入式】按钮（ ），在其下滑栏中选择【导入】中【合并】，如图2-47所示。

2. 打开【合并文件】命令框（ 合并文件 ），选中"桌面"中的"模型"文件，单击【打开】，如图2-48所示。

3. 打开【合并-模型.max】，单击【全部】，将其全部选中，在【列出类型】中，为了避免有的图形中"灯光""摄影机""骨骼对象"的影响，可以将其进行关闭，单击【确定】，如图2-49所示。

4. 在"顶视图"中将合并进图形的模型，选中

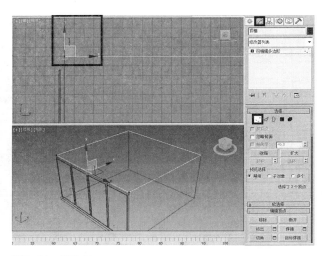

图2-44　框选点

图2-45　屏幕数值偏移设置

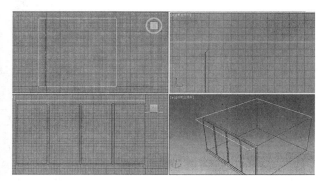

图2-46　雨水棚制作效果

图2-47　导入合并模型

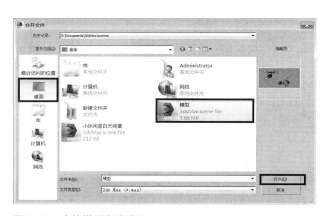

图2-48　查找模型文件路径

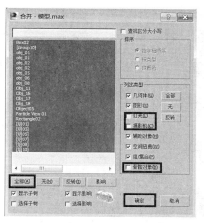

图2-49　全部选中要合并的模型

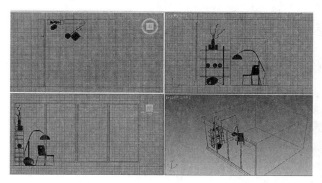

图2-50　模型要放置的位置

拖动到靠窗位置进行放置，模型是提前绘制好的，可以根据自己的喜好进行绘制，如图2-50所示。

提示：可以将其最大化，可以在"前视图""顶视图""左视图""透视图"中分别进行观察。

将四个视口均最大化：快捷键"Ctrl+Shift+Z"。

将一个视口最大化：快捷键"Z"。

2.1.7　基础渲染参数面板设置

接下来，对基础渲染部位的面板进行设置。

1. 单击"菜单栏"中的【渲染】按钮（快捷键"F10"），选择其下滑栏中的【渲染设置（R）】，如图2-51所示。

2. 打开【渲染设置：默认扫描线渲染器】命令框，将其滑动至低端，打开【指定渲染器】展卷栏，单击【默认扫描渲染器】右侧按钮，如图2-52所示。

3. 打开【选择渲染器】命令框，点选"V-Ray Adv 2.40.03"，单击【确定】退出，如图2-53所示。

4. 在【渲染设置：V-Ray Adv 2.40.03】命令框中的【输出大小】中将宽度设置为"350"（宽度：　350），高度设置为"500"（高度：　500），单击"图像纵横比"后的"小锁"锁定"图像纵横比"（图像纵横比：　0.70000　🔒），如图2-54所示。

图2-51　渲染设置命令

图2-52　修改渲染器　　　　图2-53　选择V-Ray Adv 2.40.03渲染器

图2-54　输出渲染图片大小设置

在V-Ray渲染器中的基础参数修改。

5．在【V-Ray】中，打开【图像采样器（反锯齿）】展卷栏，在【类型】选择为"固定"，并关闭"抗锯齿"，如图2-55、图2-56所示。

6．在【间接照明】中，打开【间接照明（GI）】展卷栏，勾选打开【开】，在【全局照明引擎】选择为"灯光缓存"，如图2-57所示。

7．打开【发光图】展卷栏，在【内建预置】中将【当前预置】设置为"自定义"，如图2-58所示。

8．在【基本参数】中，将【最小比率】设置为"-6"，【最大比率】设置为"-5"，【半球细分】设置为"20"，【颜色阈值】设置为"0.4"，【法线阈值】设置为"0.2"，如图2-59所示。

图2-57　选择灯光缓存命令

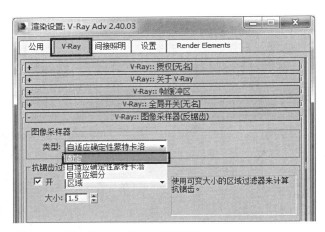

图2-55　选择"固定"图像采样器类型

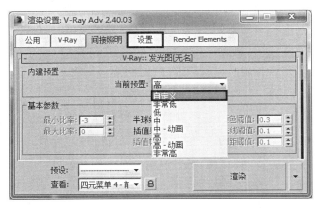

图2-58　预置为自定义发光图

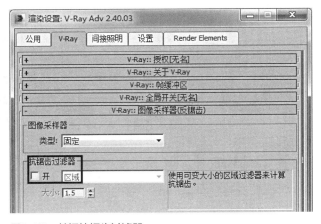

图2-56　关闭抗锯齿过滤器

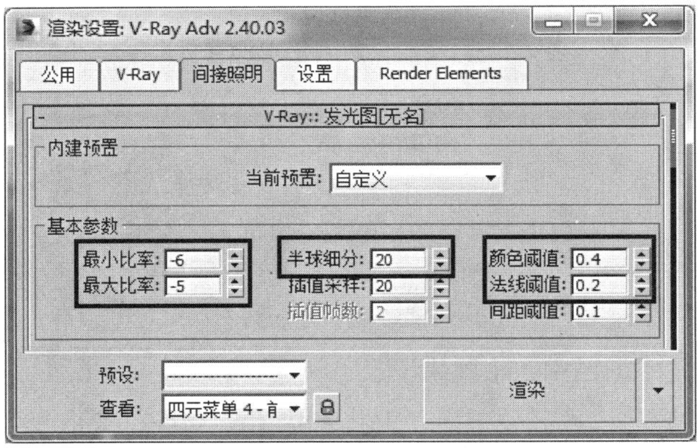

图2-59　发光图基本参数设置

9. 在【灯光缓存】展卷栏中的【计算参数】中将【细分】设置为"200"，勾选打开【显示计算相位】，如图2-60所示。

10. 在【设置】下的【DMC采样器】展卷栏中，将【适应数量】设置为"0.85"，【噪波阈值】设置为"0.01"【最小采样值】设置为"8"，如图2-61所示。

11. 在【V-Ray】下的【颜色贴图】展卷栏中，将【类型】设置为"指数"，如图2-62所示。

12. 将【亮度倍增】设置"0.85"，勾选打开【子像素贴图】和【钳制输出】，关闭【影响背景】，如图2-63所示。

13. 关闭【渲染设置：V-Ray Adv 2.40.03】命令框，这样，基础参数设置就完成了。

图2-62 选择"指数"颜色贴图类型设置

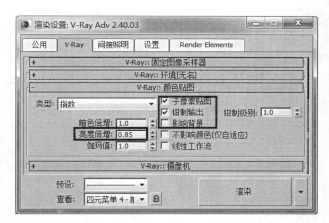

图2-63 颜色贴图参数数值设置

2.2 目标摄像机与VRay灯光参数设置

2.2.1 摄像机设置

接下来，打入一个摄像机。

1. 在"创建命令面板"下，单击【摄像头】按钮（ ），点选【目标】（ 目标 ），在"顶视图"中选择一个合适的位置，单击鼠标【左键】，按住鼠标向上拖动至合适位置，松开鼠标【左键】，如图2-64所示。

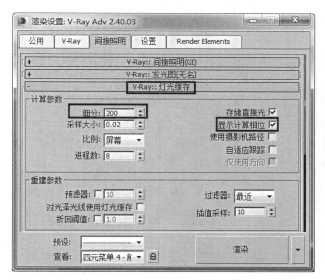

图2-60 灯光缓存参数设置

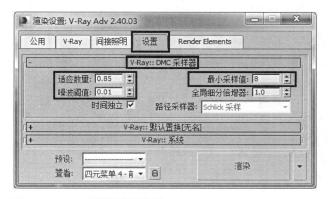

图2-61 DMC采样器参数设置

图2-64　选择目标摄像机

2. 在"主工具栏"中单击【移动并选择】(快捷键"W")按钮(✥),选择【顶视图】中摄像机中间的"直线",将前面的视口和摄像机同时选中,如图2-65所示。

或者,在"主工具栏"中的【全部】下滑栏中选择【C-摄像机】,然后在"顶视图"中进行框选,也可以同时将视口和摄像机选中,如图2-66所示。

3. 在"前视图"中将摄像机向上拉伸,同时可以在"透视图"中单击鼠标【右键】,在"主工具栏"中选择【摄像机】中的【Camera001】,如图2-67所示。

4. 在"Camera001"中进行观察的时候为了显示渲染出来的视口大小,可以在"透视图"中单击鼠标【右键】,选择【显示安全框】(快捷键Shift+F)从而进行观察,如图2-68所示。这时,在安全框中显示的物体,就是渲染图中所看到的物体,如图2-69所示。

5. 在"顶视图""前视图""左视图"中拖动摄像机,对其进行合适位置的调控(选中摄像机)。也可以在"修改命令面板"中,修改【镜头】数值为"37mm",如图2-70所示。

6. 在"透视图"中拖动显示的物体,进行合适位置的调控,如图2-71所示。

7. 单击3ds Max2014系统操作界面右下角视图导航区的【所有视图最大化显示选定对象】(快捷

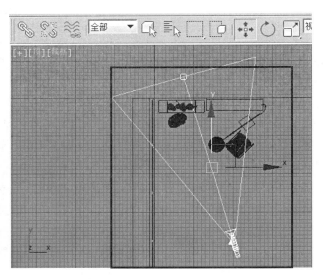

图2-65　同时选中摄像机和视口

图2-66　单独选择摄像机设置

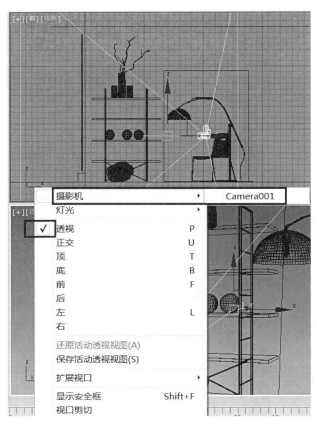

图2-67　转换为Camera001视图

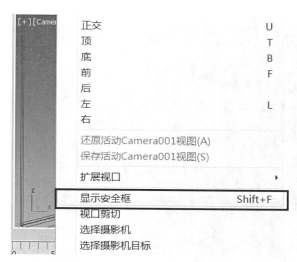

图2-68　打开渲染的显示安全框

图2-69　安全框内显示的图像

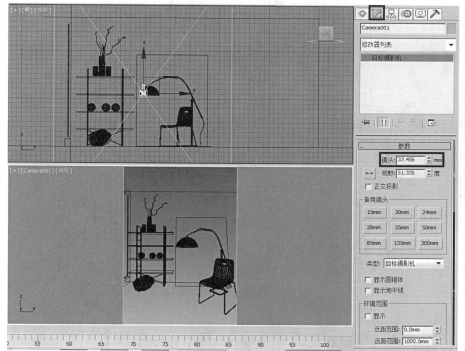

图2-70　调整安全框内镜头要显示渲染的物体

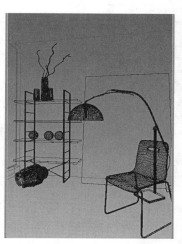

图2-71　合适的位置调控

图2-72　所有视图最大化显示选定对象按钮

键按钮"Alt+W"）（），出现的界面将是今后渲染过程中看到的物体，如图2-72所示。

2.2.2　制作背景墙

1. 退出视图最大化，在"创建命令面板"下，选择【几何体】，

在"主工具栏"中的【C-摄像机】的下滑栏中选择【全部】，如图2-73、图2-74所示。

图2-73　选择创建

图2-74　选择全部

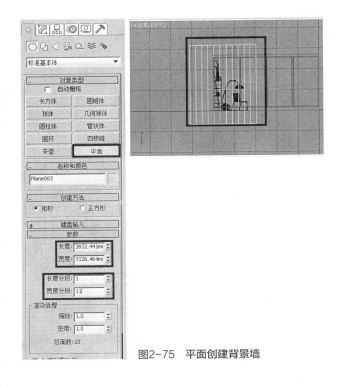

图2-75　平面创建背景墙

图2-77　均匀缩放命令

2. 在右侧"创建命令面板"中单击【平面】按钮，在"左视图"中创建一个平面，平面长度设置为"3832"，宽度设置为"3126"，平面长度分段设置为"1"，宽度分段设置为"11"，如图2-75所示。

3. 单击【命令和颜色】展卷栏下的【颜色】按钮（|Plane002　　　　），打开【对象颜色】命令框，将修建的平面颜色设置为"黑色"，如图2-76所示。

4. 单击"主工具栏"中的【选择并均匀缩放】

按钮（　），将创建的平面进行拉伸，如图2-77所示。

5. 在"顶视图"中，单击【选择并移动】按钮（快捷键"W"）（　）将平面拖动至合适位置，做背景墙所使用的一个面板，如图2-78所示。

6. 在"顶视图"中，单击鼠标【右键】选择【全部取消隐藏】，如图2-79所示。

7. 单击"主工具栏"中的【选择并均匀缩放】按钮（　），选中地面将地面进行缩放，不要过大，颜色设置为"黑色"，如图2-80所示。

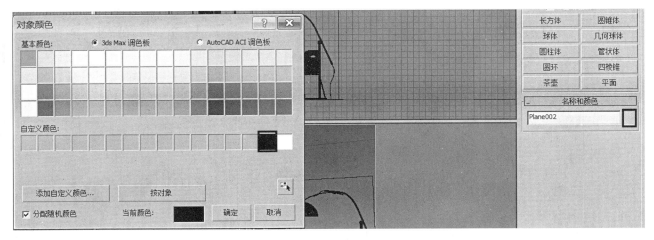

图2-76　背景墙平面颜色设置

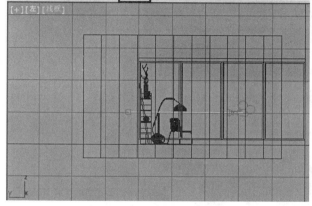

图2-78　顶视图中背景墙平面移动的位置

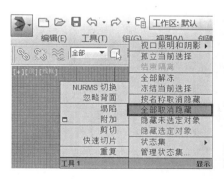

图2-79　全部取消隐藏

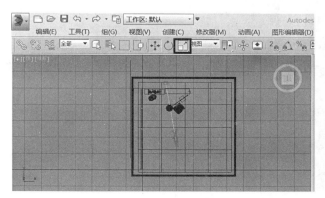

图2-80　显示地面

2.2.3　基础材质球设置

1. 选中所有的物体，单击"主工具栏"中的【材质编辑器】按钮（），如图2-81所示。

2. 打开【材质编辑器】命令框，选中一个材质球单击【Standard】按钮，如图2-82所示。

3. 打开【材质/贴图浏览器】命令框，在【V-Ray】展卷栏中选择VRay标准材质【VRayMtl】，单击【确定】按钮，如图2-83所示。

4. 在【材质编辑器】命令框中，单击【漫反射】按钮，打开【颜色选择器：漫反射】命令框，将颜色调制为"白色"，单击【确定】按钮，如图2-84所示。

5. 单击【背景】按钮（▧），为其添加一个背景，如图2-85所示。

6. 单击【视口中显示明暗处理材质】按钮（▧），选中要附予材质的图像再单击【将材质指定给选中对象】按钮（⬛），将材质附着到整张图上，如图2-86所示。

7. 缩小【材料编辑器】命令框，在"透视图"中单击鼠标【右键】，选择【真实】（快捷键Shift+F3），如图2-87所示。

图2-81　材质编辑器命令

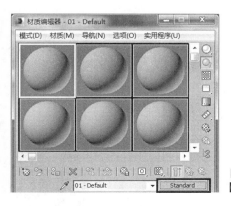

图2-82　选择【Standard】按钮

 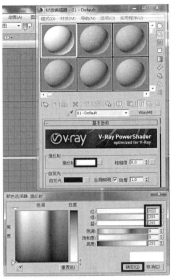

图2-83　选择VRayMtl材质　图2-84　漫反射颜色设置

图2-88　选择VRay对象灯光

图2-89　VR灯光命令

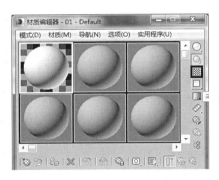

图2-85　打开材质球背景

2. 在【对象类型】中单击【VR灯光】按钮，如图2-89所示。

3. 在"左视图"中打一个灯光，灯光范围上下跨过墙体，跨过房顶和底面，左右两侧的位置靠近左侧位置,因为看不到右侧位置，所以暂且不管理右侧。

4. 在"修改命令面板"中，在【参数】展卷栏中，将【倍增值】设置为"5"，如图2-90所示。

5. 单击【颜色】右侧的颜色方框（），打开【颜色选择器：颜色】命令框，将【红】修改为"255"，【绿】修改为"240"，【蓝】修改为"200"，单击【确定】，如图2-91所示。

图2-86　材质显示与附着命令　　图2-87　切换为真实显示

图2-90　设置倍增值

2.2.4　VRay灯光参数设置

1. 在"创建命令面板"下，单击【灯光】按钮（ ），将【光度学】修改为【VRay】，如图2-88所示。

6. 在"修改命令面板"中的【选项】，打开【不可见】，如图2-92所示。

7. 在"透视图"中会显示出大约的一个影像效果，如图2-93所示。

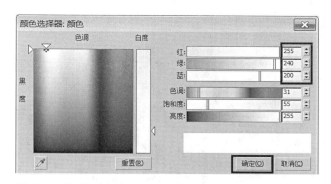

图2-91　修改灯光颜色

图2-92　勾选不可见

图2-94　渲染产品按钮

图2-93　透视图影像效果

8. 单击"主工具栏"中的【渲染产品】（快捷键"F9"或"shift+Q"）按钮（　），如图2-94所示。

9. 对其测试渲染，查看效果，如图2-95所示。

10. 结果发现，像是阳光光线过强一样，整张图出现曝光现象，如图2-96所示。

11. 关闭【V-Ray消息】命令框，单击【克隆渲染帧窗口】按钮（　），如图2-97所示。

12. 打开【Camera001.帧0的克隆】命令框，更清晰地看到渲染后的图像，如图2-98所示。

13. 打开缩小的【材质编辑器】命令框，在第一个材质球的基础上进行修改，单击【漫反射】按钮，打开【颜色选择器：漫反射】命令框，将颜色调整至灰色，相当于附上一些材质，单击【确定】按钮，如图2-99所示。

14. 缩小【材质编辑器】命令框，在"主工具栏"中单击【渲染产品】按钮（　），对图形再次进行渲染，如图2-100所示。

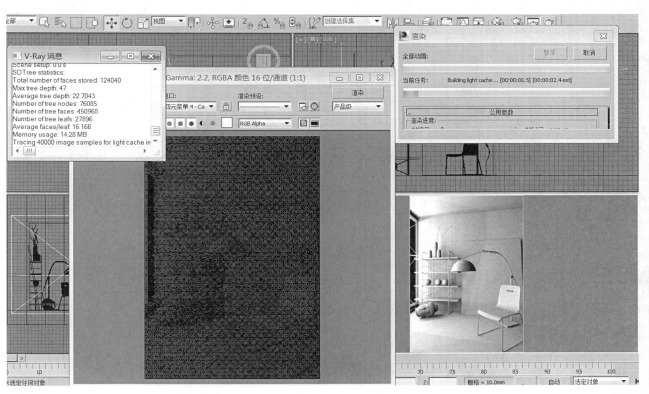

图2-95　测试渲染

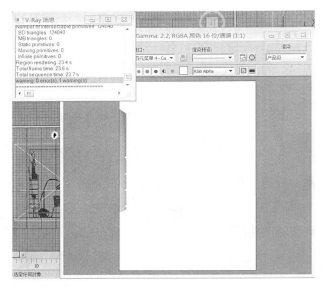

图2-96　测试渲染结果

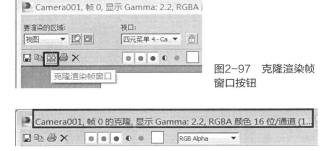

图2-97　克隆渲染帧
窗口按钮

图2-98　Camera001.帧0的克隆命令框

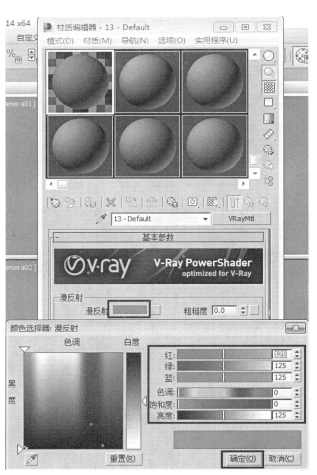

图2-99　漫反射颜色调整

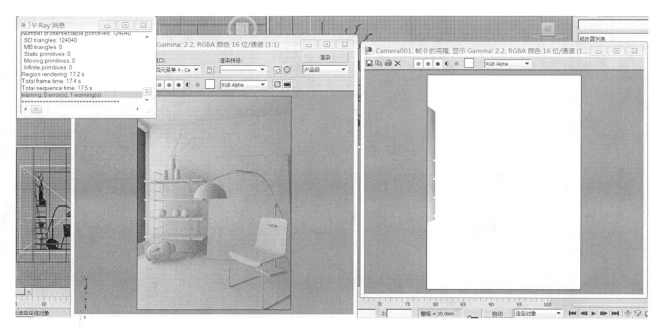

图2-100　再次渲染对比效果

2.2.5　VRay阳光参数设置

接下来，对V-Ray阳光进行设置。

1. 在"创建命令面板"下【灯光】（）的【对象类型】展卷栏中，单击【VR太阳】按钮，如图2-101所示。

2. 在"顶视图"中从左下方向右上方拖动建立太阳光，距离较窗口远一些，此时会出现【VRay太阳】命令框，单击【是】按钮，如图2-102所示。

3. 继续在图中进行调整，使其在"前视图"中穿过面板，如图2-103所示。

4. 在"修改命令面板"下的【VRay太阳参数】展卷栏中，将【强度倍增】设置为"0.01"，【大小倍增】设置为"1.0"，【阴影细分】设置为"8"，如图2-104所示。

5. 将我们前面创建的窗外背景墙名称修改为"背景"，如图2-105所示。

6. 选中刚才创建的VRay太阳，在名称为

图2-101　VR阳光命令

图2-102　默认设置

图2-104　VRay太阳参数设置

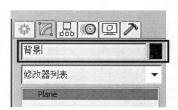

图2-105　背景名称设置

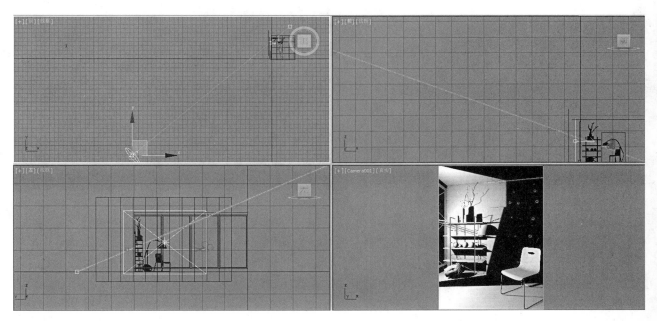

图2-103　调整VRay太阳距离

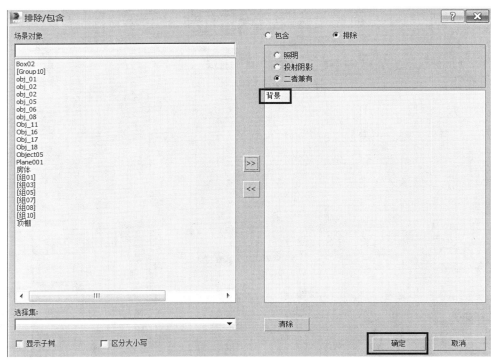

【VR太阳001】下单击下方的【排除】按钮，如图2-106所示。

7. 打开【排除/包含】命令框，在右侧栏中选中"背景"，鼠标双击将其置换到左侧栏中，单击【确定】按钮，如图2-107所示。

图2-106　排除按钮　　　　图2-107　排除背景

8. 在"主工具栏"中单击【渲染产品】按钮（快捷键"F9"或"shift+Q"）（ ），对其进行测试渲染。在墙面上会产生微弱的太阳光效果，如图2-108所示。

9. 关闭界面中的命令框，在右侧"修改命令面板"下的【VRay太阳参数】中将【强度倍增】设置为"0.05"，如图2-109所示。

图2-108　测试渲染效果　　　　图2-109　修改VRay太阳强度倍增

图2-110　太阳光线提高效果　　　　图2-111　背景材质球命名　　　　图2-112　选择VRayMtl材质

10. 单击"主工具栏"中的【渲染产品】按钮（　），对图像进行测试渲染，会发现颜色色值相对之前有了明显提高，如图2-110所示。

11. 关闭界面中的命令框。

2.3　附着物体材质

2.3.1　背景材质设置

接下来，对背景中的材质进行附着。

1. 打开缩小的【材质编辑器】，选择一个新的材质球，将名称输入为"背景"，单击【Standard】按钮，如图2-111所示。

2. 打开【材质/贴图浏览器】命令框，在【V-Ray】展卷栏中选择标准材质【VRayMtl】，单击【确定】，如图2-112所示。

3. 在【基本参数】展卷栏中，单击【漫反射】右边的方块按钮，如图2-113所示。

4. 打开【材质/贴图浏览器】命令框，选中【位图】，单击【确定】，如图2-114所示。

5. 打开【选择位图图像文件】命令框，选中【背景贴图】文件，单击【查看】，选择大幅的背景贴图图片，单击【打开】，如图2-115所示。

图2-113　添加漫反射贴图

6. 在【材质编辑器】命令框中，单击【背景】按钮（　）并单击【视口中显示明暗处理材质】按钮（　）和单击【将材质指定给选定对象】按钮（　），将这张图片附着到背景贴图中，如图2-116所示。

图2-114　添加位图贴图

7. 此时需要选择窗口的"VRay灯光001"，在"修改命令面板"中打开灯光的【双面】（☑ 双面），

图2-115　背景材质贴图

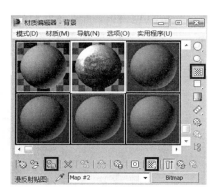

图2-116　附着背景材质

图2-117　勾选双面发光

输入名称为"乳胶漆"，单击【Standard】，如图2-119所示。

2. 打开【材质/贴图浏览器】命令框，在【V-Ray】展卷栏中选择标准材质【VRayMtl】，单击【确定】，如图2-120所示。

3. 在【材质编辑器】命令框中，单击【漫反射】，打开【颜色选择器：漫反射】命令框，调制米黄色乳胶漆，将【红】设置为"255"、【绿】设置为"250"、【蓝】设置为"220"，单击【确定】，如图2-121所示。

4. 单击【背景】按钮（▨），在【反射】中，打开【高光光泽度】后的小方块，将数值设置为"0.7"，【反射光泽度】设置为"0.7"，【细分】设置为"15"，如图2-122所示。

图2-118　测试渲染效果

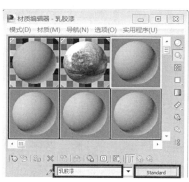

图2-119　乳胶漆材质命名

这样就可以看到背后的背景贴图，如图2-117所示。

8. 单击"主工具栏"中的【渲染产品】按钮（▢），对图像进行测试渲染，如图2-118所示。

渲染完成后关闭命令框，通过上面设置，光线参数调整完毕。

接下来，将进行物体的材质渲染。

2.3.2　米黄色乳胶漆材质设置

1. 单击"主工具栏"中的【材质编辑器】按钮，打开【材质编辑器】命令框，选择一个材质球，

图2-120　选择VRayMtl材质

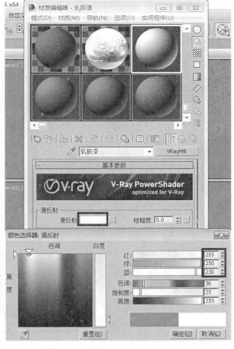

图2-121　设置米黄色色调

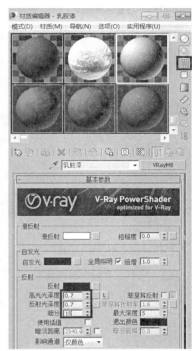

图2-122　反射值设置

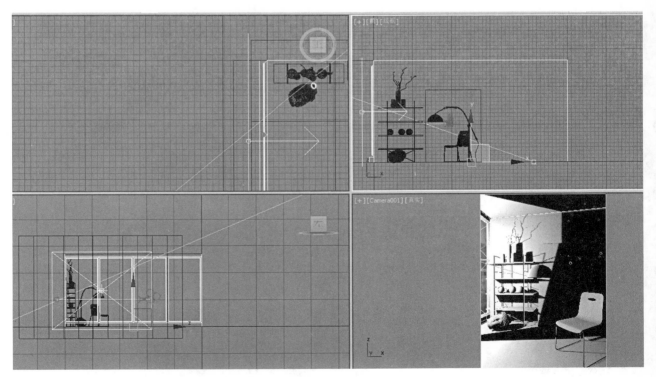

图2-123　选择房体

　　5. 将【材质编辑器】命令框拖动至一侧，在界面中选择房体，如图2-123所示。

　　6. 在【材质编辑器】命令框中单击【视口中显示明暗处理材质】按钮（ ）和【将材质指定给选定对象】按钮（ ），将乳胶漆材质附着到房体上，如图2-124所示。

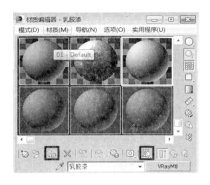

图2-124　附着乳胶漆材质

2.3.3　木地板材质设置

1. 在【材质编辑器】命令框中，选择一个材质球，输入名称为"实木地板"，单击【Standard】，如图2-125所示。

2. 打开【材质/贴图浏览器】命令框，在【V-Ray】展卷栏中选择标准材质【VRayMtl】，单击【确定】。

3. 单击【背景】按钮并单击【漫反射】右侧的小方块按钮（ 漫反射 ），如图2-126所示。

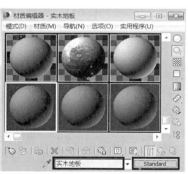

图2-125　实木地板材质球命名

图2-126　添加漫反射位图贴图

4. 打开【材质/贴图浏览器】命令框，选中【位图】，单击【确定】，打开【选择位图图像文件】命令框，选中【地板贴图】文件，单击【查看】，进行大幅图片查看，单击【打开】，如图2-127所示。

5. 在【材质编辑器】命令框【位图参数】展卷栏下单击【查看图像】按钮观察图像，如图2-128所示。

6. 单击【转到父对象】按钮（ 🔳 ），如图2-129所示。

图2-127　选择地板材质贴图

图2-128　查看图像贴图材质

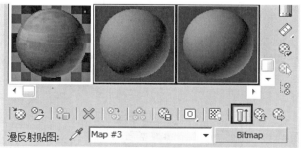

图2-129　转到父对象回到上一层

7. 单击【反射】右侧的小方块按钮（反射 ▅▅▅▅▅ □），如图2-130所示。

8. 打开【材质/贴图浏览器】命令框（▣材质/贴图浏览器），选择【衰减】（▅衰减），单击【确定】，如图2-131所示。

9. 单击【衰减参数】展卷栏【前：侧】中的白色方块（□），如图2-132所示。

10. 打开【颜色选择器：颜色2】命令框，调整颜色数值以"120"为宜，单击【确定】，如图2-133所示。

11. 将【衰减类型】展卷栏的【衰减类型】中设置为"垂直/平行"，如图2-134所示。

12. 单击【转到父对象】按钮▣，在【反射】中将【反射光泽度】设置为"0.8"，【细分】设置为"15"，如图2-135所示。

13. 进入【贴图】命令面板，鼠标左击【漫反射】右侧的"贴图=3（地板贴图.jpg）"按钮（贴图 #3（地板贴图.jpg））不放，拖动至下面【凹凸】处（▅▅▅ 无 ▅▅▅），如图2-136所示。

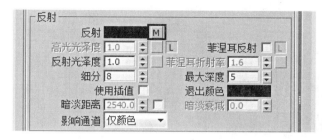

图2-130　添加反射贴图

图2-131　选择衰减贴图

图2-132　修改白色方块色值

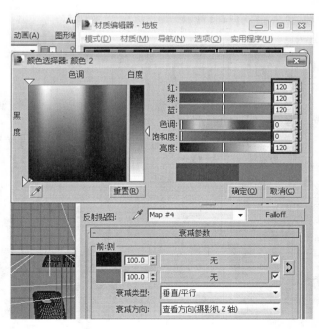

图2-133　颜色数值设置

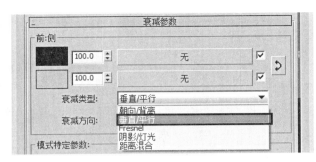

图2-134　选择垂直/平行衰减类型

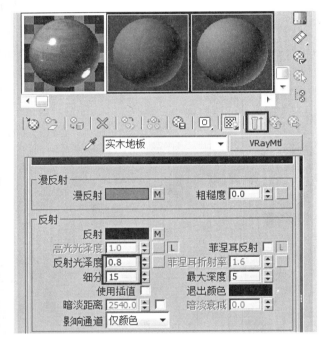

图2-135　反射数值设置

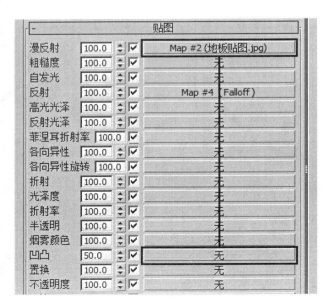

图2-136　贴图复制

图2-137　选择复制

14. 出现【复制（实例）贴图】命令框，单击【确定】，如图2-137所示。

15. 将其复制到【凹凸】中（贴图 #5（地板贴图.jpg）），如图2-138所示。

图2-138　凹凸贴图复制成功

16. 双击实木地板材质球，会看到实木地板上有轻微凹凸纹理，如图2-139所示。

17. 将【凹凸】数值设置为"50"（凹凸　　50.0），这样材质球更具有材质质感的木地板，如图2-140所示。

图2-139　实木地板材质球效果

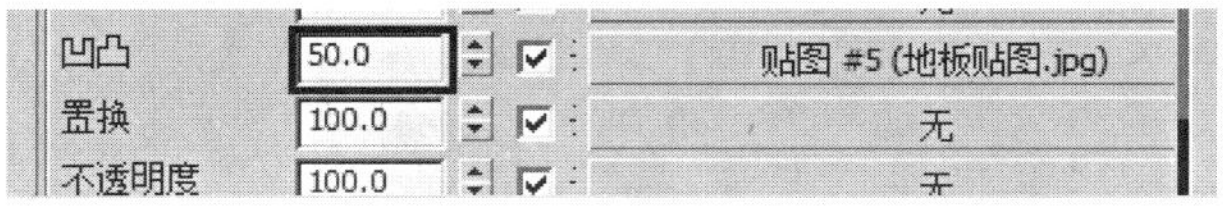

图2-140　凹凸值设置

18. 在"顶视图"中选择地面，如图2-141所示。

19. 选中地面，在【材质编辑器】命令框中单击【视口中显示明暗处理材质】按钮（🖾）和【将材质指定给选定对象】按钮（🔩），将材质附着给地面，在"透视图"中可以看到地面材质，如图2-142所示。

20. 在图中发现木地板的纹理比较大，所以在右侧"修改命令面板"中，选择【UVW贴图】（🔲 ⊞ UVW 贴图），如图2-143所示。

21. 在【参数】展卷栏中点选【面】，在"透视图"中可以看到纹理比之前真实了许多，如图2-144所示。

22. 单击"主工具栏"中的【渲染产品】按钮（☁），对图像进行测试渲染，因为增加了一些反射数值，所以渲染速度相比之前要慢一些，如图2-145所示。

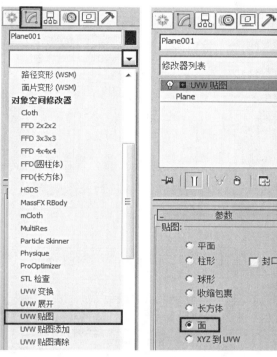

图2-143　修改地板材质　　图2-144　选择面拉伸
UVW贴图

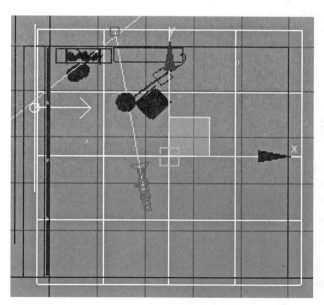

图2-141　选中地面

图2-142　完成地板材质
附着

图2-145　测试渲染效果

2.3.4　木纹材质设置

利用同样的方法，对椅子、展示台等木质纹饰，运用和地板一样的方式进行处理。

1. 将"实木地板"材质球复制到右侧的材质球中，修改名称为"木纹"，如图2-146所示。

2. 单击【贴图】展卷栏中的【贴图#3（地板贴图.jpg）】按钮（贴图#3（地板贴图.jpg）），如图2-147所示。

3. 对里面的材质进行修改，单击【位图参数】展卷栏 位图参数 中的【位图】右侧的文件地址（C:\Users\Administrator\Desktop\贴图\地板贴图.jpg），如图2-148所示。

4. 打开【选择位图图像文件】命令框，在【桌

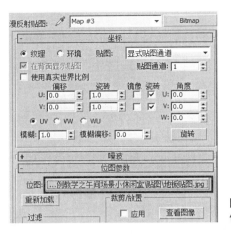

图2-148　修改位图地址

图2-149　选择木纹材质贴图

面】的【贴图】文件夹中（[贴图]），选中【木纹贴图】图片文件（木纹贴图），单击【打开】，如图2-149所示。

5. 单击【转到父对象】按钮（ ），在【贴图】中单击【凹凸】右侧【贴图#5（地板贴图.jpg）】按钮，对里面的材质进行修改，单击【位图参数】中的【位图】右侧的文件地址，打开【选择位图图像文件】命令框，选中【木纹贴图】文件，单击【打开】按钮，如图2-150所示。

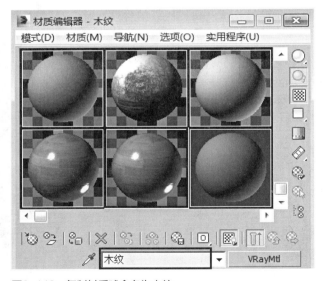

图2-146　复制材质球命名为木纹

图2-147　进入漫反射贴图

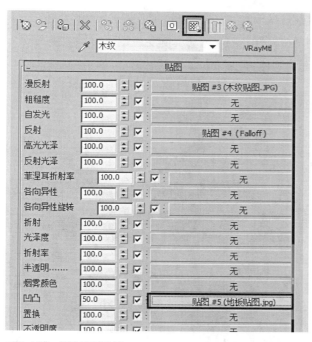

图2-150　修改凹凸贴图

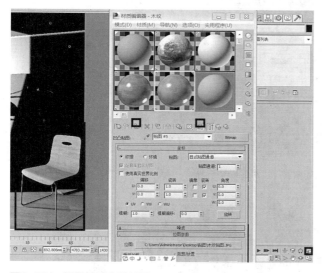

图2-151　附着椅面木纹材质

图2-152　附着展示台木纹材质

6. 选中"透视图"，单击右下角的【最大化视口切换】按钮（　），显示最大化真实图，选中椅面，单击【材质编辑器】命令框中的【视口中显示明暗处理材质】（　）按钮和【将材质指定给选定对象】（　）按钮，将木纹材质附着到椅面上，如图2-151所示。

7. 选中展示台，单击【材质编辑器】命令框中的【视口中显示明暗处理材质】按钮（　）和【将材质指定给选定对象】按钮（　），将展示台面附着成木纹材质，如图2-152所示。

2.3.5　不锈钢材质设置

1. 选中一个新的材质球，输入名称为"不锈钢"，单击【Standard】，如图2-153所示。

2. 打开【材质/贴图浏览器】命令框，在【V-Ray】展卷栏中选择标准材质【VRayMtl】，单击【确定】，如图2-154所示。

3. 对【反射】中的数值进行调试，不锈钢表面较光滑，主要依靠反射设置对其进行调节。单击【反射】颜色按钮（反射　　　），打开【颜色选择器：反射】命令框，将"亮度"数值统一设置为"175"，

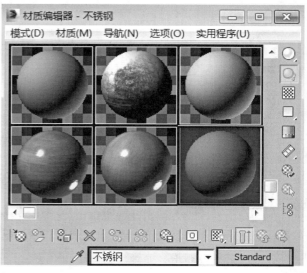

图2-153　不锈钢材质球命名

图2-154 选择VRayMtl材质

【材质编辑器】命令框中的【视口中显示明暗处理材质】按钮（▣）和【将材质指定给选定对象】按钮（⬚），给其附着不锈钢材质。

7. 单击"主工具栏"中的【渲染产品】按钮，可以对图像进行测试渲染。

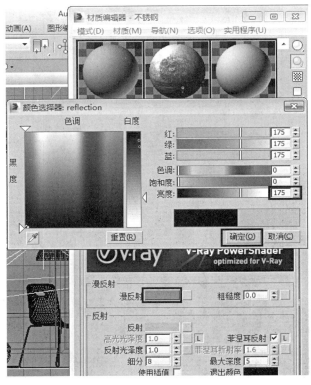

图2-155 反射颜色设置

单击【确定】，如图2-155所示。

4. 在【材质编辑器】命令框中单击【背景】按钮（▣），可以看到不锈钢材质球中反射背景的光线。在【反射】中将【反射光泽度】调整为"0.9"，【细分】调整为"15"，如图2-156所示。

在后期，完整的渲染过程中，均可将细分值调至30到45之间。

5. 选中椅子腿，单击【材质编辑器】命令框中的【视口中显示明暗处理材质】按钮（▣）和【将材质指定给选定对象】按钮（⬚），给其附着不锈钢材质，如图2-157所示。

6. 分别选中灯饰、展示架架体、钢铁球，单击

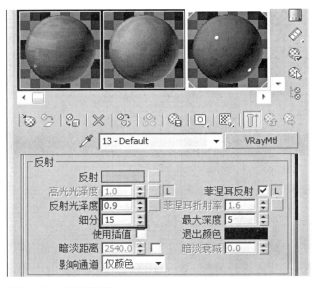

图2-156 反射值设置

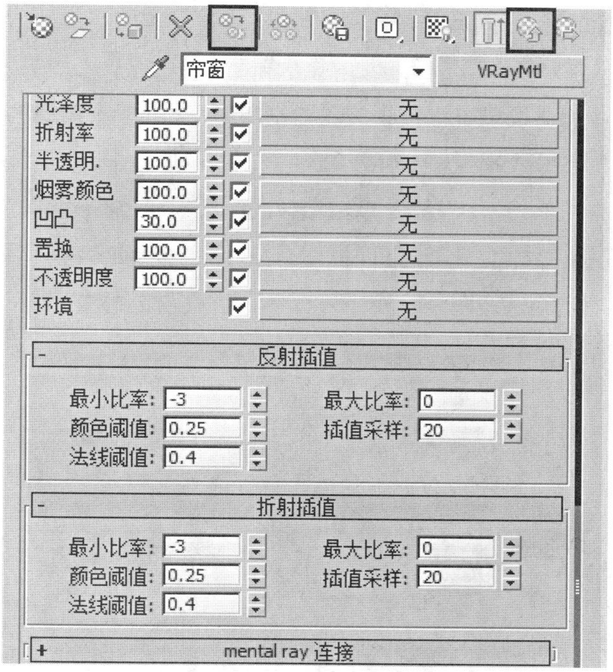

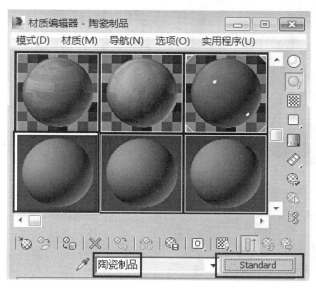

图2-157　选中椅腿附着材质

2.3.6　陶瓷材质设置

1. 选中一个新的材质球，输入名称为"陶瓷材质"，单击【Standard】，如图2-158所示。

2. 打开【材质/贴图浏览器】命令框，在【V-Ray】展卷栏中选择标准材质

图2-158　陶瓷材质球命名

【VRayMtl】，单击【确定】。

3. 在【材质编辑器】命令框中单击【背景】按钮（），单击【漫反射】颜色按钮（漫反射），如图2-159所示。

4. 绘制橘色陶瓷瓶，打开【颜色选择器：漫反射】命令框，将【红】设置为"245"，【绿】设置为"165"，【蓝】设置为"50"，单击【确定】，如图2-160所示。

5. 单击【反射】右侧小方块按钮（反射　　　　　　），如图2-161所示。

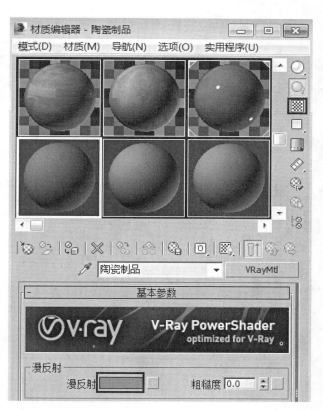

图2-159　打开材质球背景框

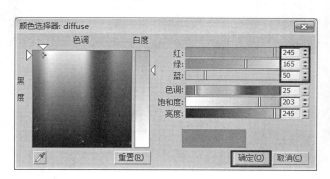

图2-160　颜色设置

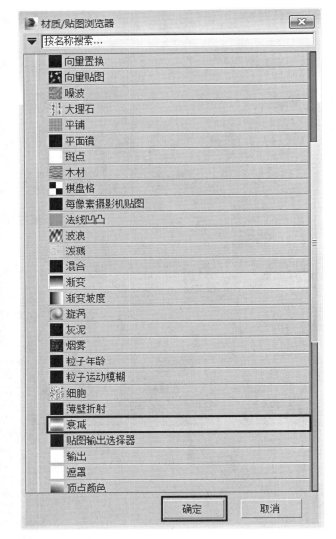

图2-161　添加反射材质贴图

图2-162　选择衰减材质贴图

6. 打开【材质/贴图浏览器】命令框，选择【衰减】，单击【确定】，如图2-162所示。

7. 在【衰减参数】展卷栏中的【前：侧】（前:侧）下的【衰减类型】选择【Fresnel】反射，

如图2-163所示。

8. 单击【转到父对象】按钮（　），在【反射】中将【反射光泽度】设置为"0.9"，【细分】设置为"15"，如图2-164所示。

9. 选中花瓶，单击【材质编辑器】命令框中的【视口中显示明暗处理材质】按钮（　）和【将材质指定给选定对象】按钮（　），将陶瓷材质附着到花瓶上。

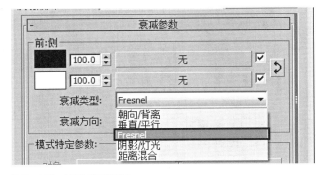

图2-163　更改衰减类型

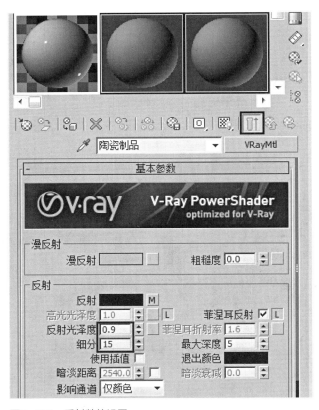

图2-164　反射数值设置

2.3.7　黄金金属材质设置

1. 在【材质编辑器】中选择一个新的材质球，输入名称为"黄金"（），在【Blinn基本参数】展卷栏（Blinn 基本参数）中，单击【环境光】颜色按钮（　　），如图2-165所示。

2. 打开【颜色选择器：环境光颜色】命令框，将【红】设置成"40"，【绿】设置成"20"，【蓝】设置成"15"，单击【确定】，如图2-166所示。

3. 关闭【关联】按钮（　　），将【漫反射】颜色设置为黄金固有色（漫反射：　　），单击【漫反射】颜色按钮（　　），如图2-167所示。

4. 打开【颜色选择器：漫反射颜色】命令框，将【红】设置为"192"，【绿】设置为"148"，【蓝】设置为"15"，单击【确定】，如图2-168所示。

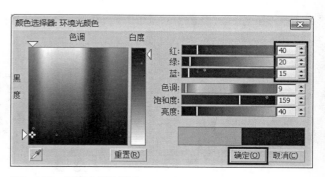

图2-166　环境光颜色设置

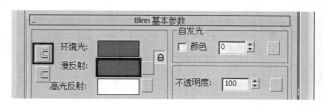

图2-167　关闭关联按钮

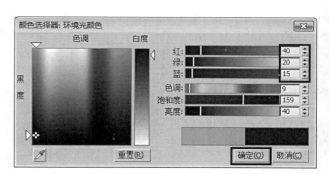

图2-168　漫反射颜色设置

图2-169　高光反射颜色按钮

5. 在【Blinn基本参数】展卷栏中单击【高光反射】颜色按钮（　　），如图2-169所示。

6. 打开【颜色选择器：高光颜色】命令框，将【红】设置为"166"，【绿】设置为"160"，【蓝】设置为"5"，单击【确定】，如图2-170所示。

7. 单击【背景】按钮（　　），在【反射高光】中将【高光级别】调为"63~65"比较合适（高光级别：63），【光泽度】和【柔化】值默认不动，

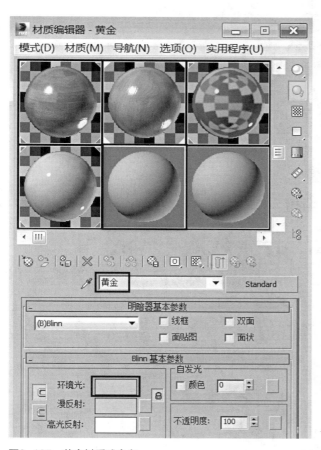

图2-165　黄金材质球命名

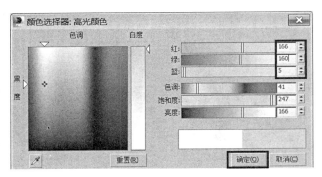

图2-170　高光反射颜色设置

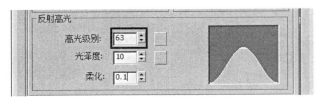

图2-171　反射高光数值设置

如图2-171所示。

　　8. 打开【贴图】展卷栏，勾选打开【反射】（☑反射），单击【反射】右侧的【无】，如图2-172所示。

　　9. 打开【材质/贴图浏览器】命令框，在【V-Ray】展卷栏中选择【VR贴图】，单击【确定】，如图2-173所示。

　　10. 为了表现黄金的磨砂质感，而不是亮质感，在【参数】展卷栏下的【反射参数】中，将【光泽度】设置为"60"，【细分】设置为"3"，勾选打开【光泽度】，如图2-174所示。

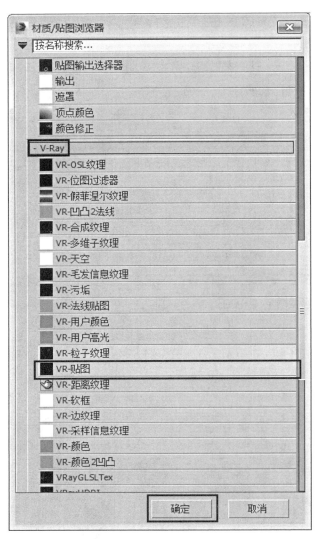

图2-173　选择VR贴图材质

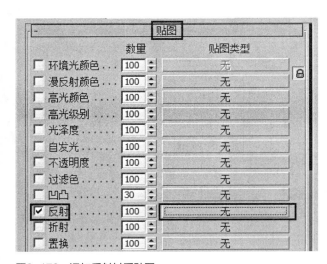

图2-172　添加反射材质贴图

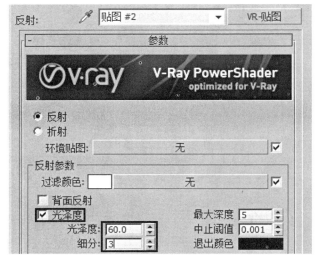

图2-174　反射参数值设置

图2-175　附着佛头

11. 在【材质编辑器】命令框中，单击【转到父对象】按钮（▦），选中佛头，单击【视口中显示明暗处理材质】按钮（▦）和【将材质指定给选定对象】按钮（▦），将黄金材质附着到佛头上，如图2-175所示。

2.3.8　挂画材质设置

1. 在【材质编辑器】命令框中，选中一个新的材质球，输入名称为"挂画"，单击【Standard】，如图2-176所示。

2. 打开【材质/贴图浏览器】命令框，在【V-Ray】展卷栏中选择标准材质【VRayMtl】，单击【确定】，如图2-177所示。

3. 在【材质编辑器】命令框中，单击【背景】按钮（▦），单击【漫反射】右侧的小方块按钮（反射▦），如图2-178所示。

4. 打开【材质/贴图浏览器】命令框，选中【位图】（■位图），单击【确定】，如图2-179所示。

5. 打开【选择位图图像文件】命令框，在【桌面】的【贴图】文件夹中（📁贴图），选中【装饰画贴图】图片文件，单击【打开】，如图2-180所示。

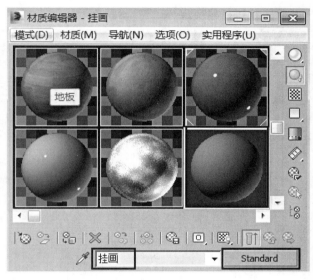

图2-176　挂画材质球命名

图2-177　选择VRayMtl标准材质

图2-178　添加漫反射材质贴图

图2-179　选择位图材质贴图

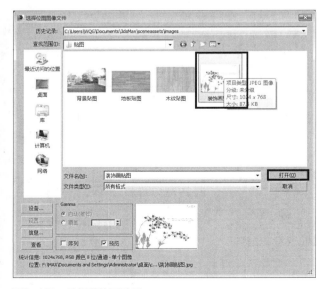

图2-180　选择装饰画贴图

6. 在【材质编辑器】命令框的【位图参数】展卷栏中，勾选打开【应用】，单击【查看图像】，如图2-181所示。

7. 打开选择的贴图进行查看，因为画框成方形的，所以需要选择图片尺寸，调至合适尺寸、关闭，如图2-182所示。

8. 选中画框，在【材质编辑器】命令框中单击【视口中显示明暗处理材质】按钮（　）和【将材质指定给选定对象】按钮（　），将挂画材质附着到画框上，如图2-183所示。

9. 单击"主工具栏"中的【渲染产品】按钮（　），对图像进行测试渲染，如图2-184所示。

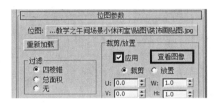

图2-181　勾选应用查看图像

图2-182　调整图形显示尺寸大小

图2-183　附着挂画材质

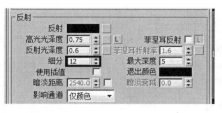

图2-186　修改
木纹细分值

图2-184　测试渲染效果

2.　依次在"实木地板"、"陶瓷材质"材质球的【反射】中，将【细分】值设置为"40"。在"木纹"材质球的【折射】中，将【细分】值设置为"40"，如图2-186所示。

这样，图像会相比之前细腻些。

2.4　高级VRay渲染参数设置方法

根据前面灯光参数和材质参数的调节和设置，对高级VRay的参数进行设置，为渲染一幅高质量的作品进行相应的数据变换。经过这一阶段的调整，渲染时间会变长，相对应的图片质量也会提高。

2.4.1　材质球提高设置

1.　将【材质编辑器】命令框中的反射数值进行提高。

例如：从乳胶漆开始，选中"乳胶漆"材质球，在【反射】中，将【细分】设置为"40"，乳胶漆就会更细腻一些，如图2-185所示。

2.4.2　VRay渲染参数最终设置

1.　单击"菜单栏"中的【渲染】按钮，在其下滑栏中选择【渲染设置】（快捷键F10）（渲染设置(R)...），如图2-187所示。

2.　打开【渲染设置】命令框，在【VRay】下的【图像采样器（反锯齿）】展卷栏中，将【图像采样器】选择为"自适应细分"，如图2-188所示。

3.　打开【抗锯齿过滤器】，选择"Mitchell-Netravali"，如图2-189所示。

4.　在【发光图（无名）】展卷栏的【内建预置】中，将【当前预置】设置为"高"，如图2-190所示。

5.　如果将【当前预置】设置为"自定义"，也可以在【基本参数】中调整数值，调得过高会影响渲染时间，所以没必要。将【最小比率】设置为"-3"，【最大比率】设置为"-2"，【半球细分】设置为"40"，如图2-191所示。

6.　在【灯光缓存】展卷栏下的【计算参数】中将【细分】设置为"800"，在【重建参数】中打开

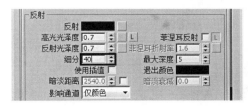

图2-185　修改乳胶漆细分值

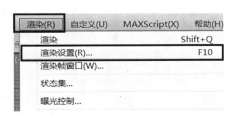

图2-187　选择
渲染设置

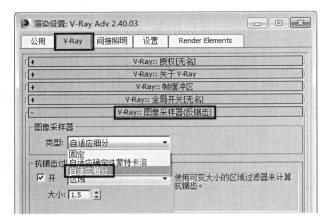

图2-188　选择自适应细分图像采样器类型

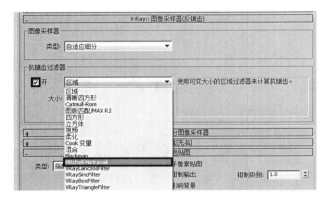

图2-189　选择Mitchell-Netravali抗锯齿过滤器

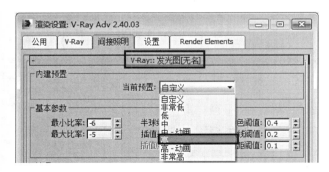

图2-190　选择高质量发光图

图2-191　自定义修改发光图基本参数设置

图2-192　灯光缓存参数设置

【预滤器】，如图2-192所示。

7. 关闭【渲染设置】命令框。

2.4.3　图像渲染与保存

接下来，可以对图像进行一个长期的渲染测试，最重要的一点是如果渲染此时的图像出图后会很小，如果渲染完成拿给顾客看的话，一般宽度最好不要小于"1024"。

1. 单击"菜单栏"中的【渲染】按钮（ ），选择下滑栏中的【渲染设置】，打开【渲染设置】命令框，在【公用】中（ 公用参数 ），将【公用参数】展卷栏下的【输出大小】中的宽度设置为"1024"（ 宽度:　　　1024 ），单击【渲染】按钮开始进行渲染（ 渲染 ），如图2-193所示。

2. 经过一个小时的渲染，渲染出效果图，单击【保存图像】（ ）按钮，如图2-194所示。

3. 打开【保存图像】命令框，可以将【保存类型】设置为"BMP图像文件（*.bmp）"，如图2-195所示，或者设置为"JPEG文件（*.jpg,*.jpe,*.jpeg）"保存类型，如图2-195、图2-196所示。

4. 保存位置在【桌面】上，输入【文件名】为"小休闲室白天场景"，单击【保存】，如图2-197所示。

5. 打开【JPEG图像控制】命令框，将【质量】调至"最佳"（ 质量: 100　　　最佳 ），单击【确定】，如图2-198所示。

6. 关闭界面中的命令框，将界面最小化，在桌面上可以看到保存的图像，如图2-199所示。

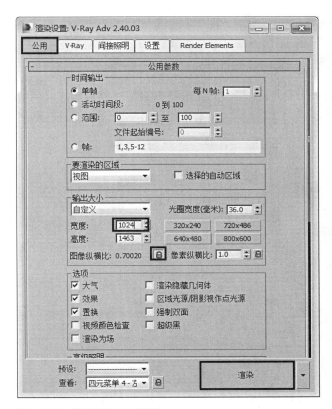

图2-193　修改输出大小设置

图2-195　保存BMP图像文件（*.bmp）

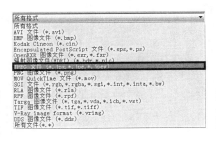

图2-196　保存图像
JPEG文件（*.jpg,*.
jpe,*.jpeg）

图2-194　渲染效果图

图2-197　保存文件命名

图2-198　图像文件质量修改

图2-199　保存桌面上的文件　　图2-200　保存完整的渲染效果图

图2-201　保存3ds Max文件

7. 鼠标双击"小休闲室白天场景"图像文件，打开图像，可以看到渲染出的效果，如图2-200所示。

8. 打开最小化的界面，在"标题栏"中单击【保存】按钮（ 🖫 ），将文件进行保存，如图2-201所示。

2.4.4　3ds Max文件归档保存

如果单独将文件拷贝到其他的电脑上进行渲染，就会出现一些问题。例如，材质会丢失等。怎样才能全部带走呢？

1. 单击系统操作界面左上角图标旁的【嵌入式按钮】（ ），在下滑栏中选择【另存为】后的【归档】，如图2-202所示。

2. 打开【文件归档】命令框，路径选择保存位置选中【桌面】，单击【保存】，将其进行归档处理，如图2-203所示。

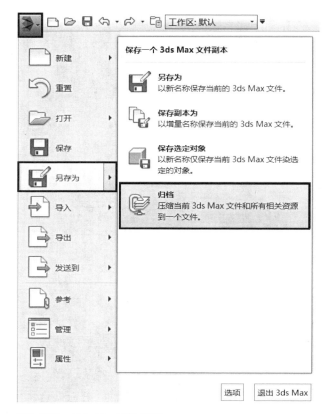

图2-202　3ds Max文件归档

图2-203　文件归档路径选择

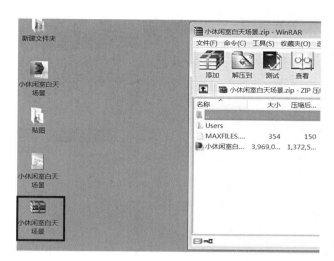

图2-204　归档压缩包

3. 将界面最小化，在桌面上会看到归档的压缩包"小休闲室白天场景"，鼠标双击压缩包，会看到压缩包里包含的内容，压缩包里包含了文件的所有信息，如图2-204所示。

2.5　后期处理技术应用

对保存的图像文件进行编辑处理，接下来讲解一下Photoshop的使用，用其处理保存好的渲染图像。

由于3D Max VRay渲染出的图片灰色色值比较大，图片不够鲜亮，所以需要用Photoshop进行处理。

双击桌面上的Photoshop CS6图标 打开Photoshop操作系统界面，如图2-205所示。

图2-205　打开Photoshop操作界面

2.5.1　图片文件打开

1. 单击Photoshop界面"菜单栏"中的【文件】，选择其下滑栏中的【打开】（快捷键Ctrl+O），如图2-206所示。

2. 打开【打开】命令框，在【桌面】位置中，选择【小休闲室白天场景】图像文件，单击【打开】，如图2-207所示。

图2-206　打开图片文件

图2-207　打开图片文件路径

2.5.2　色阶与色彩平衡设置

1. 这样【小休闲室白天场景】图像文件就出现在Photoshop界面中，单击"菜单栏"中的【图像（I）】按钮，在下滑栏中选择【调整】中的【色阶（L）...】（快捷键Ctrl+L），如图2-208所示。

2. 打开【色阶】命令框，色阶左侧部分表示暗值，右侧部分表示亮值，在命令框中可以看到亮值比较大一些，暗值比较小一些。在【输入色阶】中移动色阶至50~55之间，单击【确定】，如图2-209所示。

3. 单击"菜单栏"中的【图像】，在下滑栏中选择【调整（J）】中的【色彩平衡（B）...】（快捷键Ctrl+B），如图2-210所示。

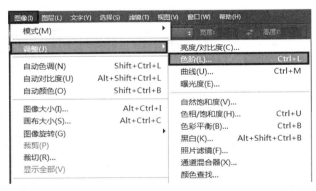

图2-208　调整色阶

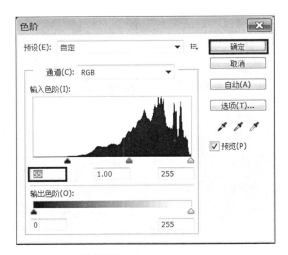

图2-209　色阶值修改

图2-210　调整色彩平衡

4. 打开【色彩平衡】命令框，色彩平衡分为阴影、中间调、高光。中间调是调整整个色彩平衡的，在【中间调（D）】（◉中间调(D)）中增加一些红色和黄色，整个画面就会显示出一些偏红偏黄的色调，色阶值分别为"+8""-12""-12"，如图2-211所示。

5. 在【阴影】（◉阴影(S)）中增加一些青色、蓝色或绿色的色调，这样会增加一些冷色调，色阶值为"-15"、"+9"、"+8"（色阶(L): -15　+9　+8），如图2-212所示。

6. 在【高光（H）】中可以增加一些黄色和洋红色调，【色阶】值为"0""-9""-14"，单击【确定】，如图2-213所示。

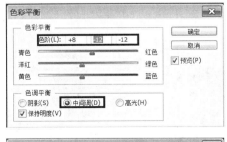

图2-211
色彩平衡中间
调数值调整

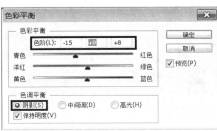

图2-212
色彩平衡阴影
数值调整

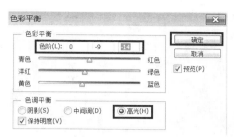

图2-213
色彩平衡高光
数值调整

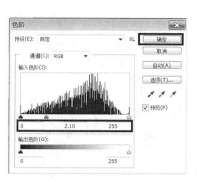

图2-216　修改色阶值

2.5.3　套索工具应用

1. 单击左侧"工具栏"中的【套索工具】按钮里的【多边形套索工具】，如图2-214所示。

2. 放大图形，用多边形套索工具围选窗外背景选区，调整窗外比较阴沉的天气，如图2-215所示。

3. 单击"菜单栏"中的【图像】，在下滑栏中选择【调整】中的【色阶】，对选中部位单独修改色阶，打开【色阶】命令框，调节输入色阶，输入色阶值为"0""2.10""255"的亮色值，单击【确定】，如图2-216所示。

4. 单击"菜单栏"中的【图像】，在其下滑栏中的【调整】中选择【色相/饱和度】（快捷键 Ctrl+U），如图2-217所示。

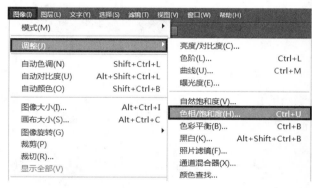

图2-217　调整色相/饱和度

图2-218　饱和度与明度参数设置

5. 打开【色相/饱和度】命令框，调整【明度】，加大【饱和度】，使窗外天气更加明亮一些，单击【确定】，如图2-218所示。

6. 单击左侧"工具栏"中的【矩形选框工具】按钮（▣），如图2-219所示。

7. 在图像界面"蚂蚁线"线框之外单击一下鼠标【左键】，图像中的"蚂蚁线"就消失了，如图2-220所示。

图2-214　选择多边形套索工具

图2-215　围选窗外背景选区

图2-219　选择矩形选框工具

图2-220　"蚂蚁线"消失

图2-223　微调移至中间

图2-224　点击反转按钮

2.5.4　裁剪工具制作画框

1. 为了给效果图制作一个画框，单击左侧"工具栏"中的【裁剪工具】按钮（），如图2-221所示。

2. 按住鼠标【左键】不放，从图像左上角向右下角拖动，上下左右留出足够的距离，如图2-222所示。

3. 按键盘上的【上】、【下】、【左】、【右】键进行位置的微调，将图形移动至延伸框的中间部位，在图像上双击鼠标，如图2-223所示。

4. 单击左侧"工具栏"中的【反转】按钮（），用同样的方法制作一个白色的装饰画框，如图2-224所示。

5. 按键盘上的【上】、【下】、【左】、【右】键，将图形移动至延伸框的中间部位，如果延伸框不够大，可以继续向外拉伸，然后图像上双击鼠标，如图2-225所示。

6. 单击左侧"工具栏"的【放大镜】按钮（），打开小工具栏，如图2-226所示。

7. 单击小工具栏中的【实际像素】按钮，得到修改后的图像，如图2-227所示。

图2-221　选择裁剪工具

图2-222　裁剪留出足够距离

图2-225　微调至中间部位

图2-226　【放大镜】按钮

图2-227　修改后图像

2.5.5　高反差保留设置

如果感觉边线不够明显，可以做如下处理。

1. 在右侧【图层】中对"背景"图像图层进行复制，复制一个背景图层副本，鼠标左键按住"背景"图像图层不放，拖动至右下角第二个按钮【创建新图形】按

钮（ ），松开鼠标，就会复制出文件副本，如图2-228所示。

2. 单击"菜单栏"中的【滤镜】，在下滑栏中选择【其他】中的【高反差保留】，如图2-229所示。

3. 这时单击"菜单栏"中的【滤镜】，在下滑栏中选择【其他】中的【高反差保留】，打开【高反差保留】命令框，将【半径】值设置为"1"，单击【确定】，如图2-230所示。

4. 在右侧【图层】中将【正常】修改为【柔光】，如图2-231所示。

图2-228　复制图层副本

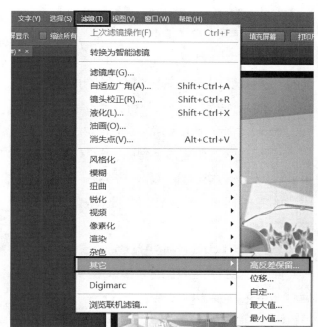

图2-229　选择高反差保留命令

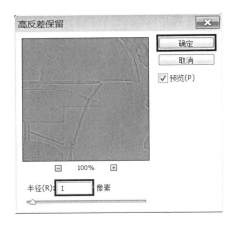

图2-230　高反差保留半径值设置

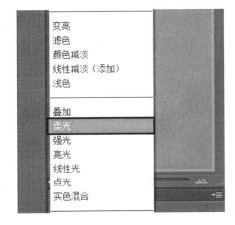

图2-231　柔光

置运用【框选】或者蚂蚁线的【多边形套索工具】进行选择。

图2-232　复制【背景 副本】

图2-233　关闭小眼睛

5. 如果不太明显，运用同样方法，将【背景副本】进行复制，复制2个【背景 副本2】、【背景副本3】，如图2-232所示。

6. 如果感觉边线过于锐化，可以关闭图层文件前的"小眼睛"对图像进行观察，关闭"小眼睛"会关闭相应图层，如图2-233所示。

提示：关闭小眼睛就像将这张图层隐藏一样。

7. 根据从开始到最后做的全部存在【历史记录】中，可以单击查看，将原始与现在的图像进行对比，刚打开的图像比较灰白，做到最后加上图框的图像颜色对比度比较高，如图2-234、图2-235所示。

因此，用以上讲解的Photoshop的步骤，打开文件之后，首先查看图像色阶是否达到平衡；然后看一下色彩平衡，如果偏冷，则追加红色、洋红、黄色的暖色；如果偏暖，则追加青色、绿色、蓝色的冷色，让色彩达到平衡状态。当然个别位

图2-234　刚打开的图像

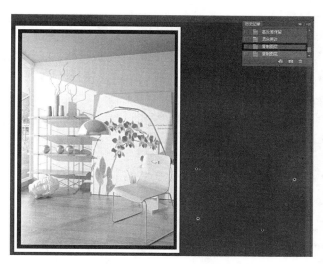

图2-235　修改后的图像

2.5.6　JPG文件保存

1. 单击"菜单栏"中的【文件】，选择下滑栏中的【存储为】（快捷键Shift+Ctrl+S），如图2-236所示。

2. 打开【存储为】命令框，保存位置为【桌面】，【格式】设置为"PSD"格式（格式(F)：Photoshop (*.PSD;*.PDD)），单击【保存】，如图2-237所示。

3. 也可以单击【文件】，选择下滑栏中的【存储为】，打开【存储为】命令框，将【格式】设置为"*.JPG;*.JPEG;*.JPE"格式，如图2-238所示。

4.【文件名】文件名(N)设置为"小休闲室白天场景1.JPG"（文件名(N)：小休闲室白天场景1.jpg），单击【保存】，如图2-239所示。

图2-237　输入保存文件名称

图2-236　存储为图像文件

图2-238　保存为"*.JPG;*.JPEG;*.JPE"格式

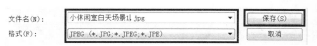

文件名(N)：小休闲室白天场景1.jpg

格式(F)：JPEG (*.JPG;*.JPEG;*.JPE)

图2-239　文件保存

03

The Application of 3ds Max in Contemporary
Mingshi Design Style

第3章

3ds Max在当代名仕设计风格中的应用

3.1　白天室内灯光布局思路与设置

在桌面中打开"和谐人居东方梦"文件夹，选中文件夹中的3D文件"和谐人居东方梦"，如图3-1、图3-2所示。

下面，是"和谐人居东方梦"的布光思路。

选中"顶视图"，单击界面右下方的【最大比视口切换】按钮（图），将"顶视图"最大化进行观察布光思路，如图3-3所示。

在这里，讲解一下俯视图中的灯光布置。首先主光源从阳台打入，在阳台与客厅推拉门位置进行

比较弱的补光；客厅位置为灯光的射灯，包括吊顶的轻光源；客厅与餐厅之间的走廊射灯的弱小光源；餐厅为吊顶及射灯的光源；餐厅北边有一个休闲小茶吧，从北边窗户打入一个光源。

其中最强的光源是外边的光源，其次为内部的补光，接着为射灯及吊顶的光源。

单击界面右下方的【最大比视口切换】按钮（图），回到界面中，选中"透视图"，单击界面右下方的【最大比视口切换】按钮（图），将"透视图"最大化可以更好地观察到布光过渡的形态，如图3-4所示。

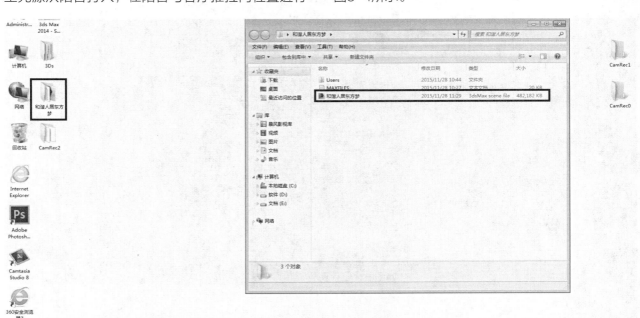

图3-1　和谐人居东方梦1

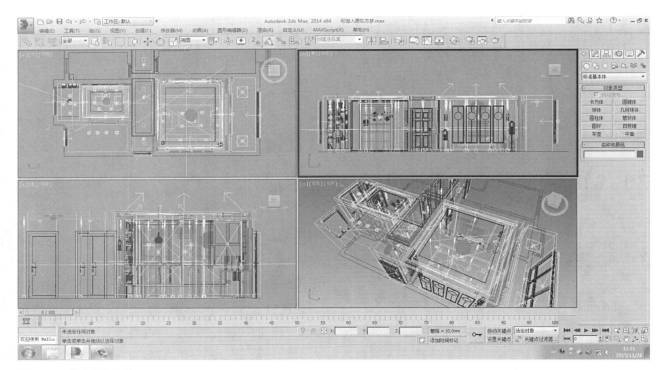

图3-2　和谐人居东方梦2

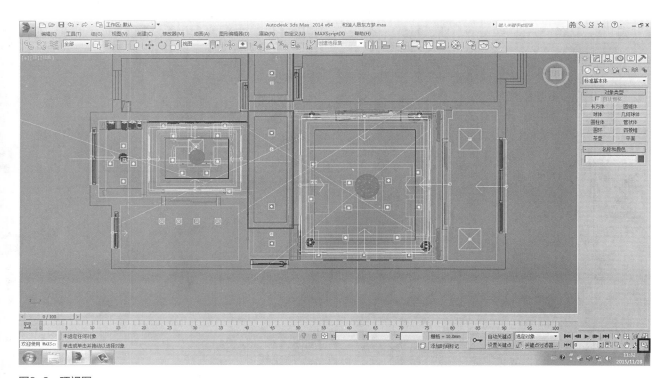

图3-3　顶视图

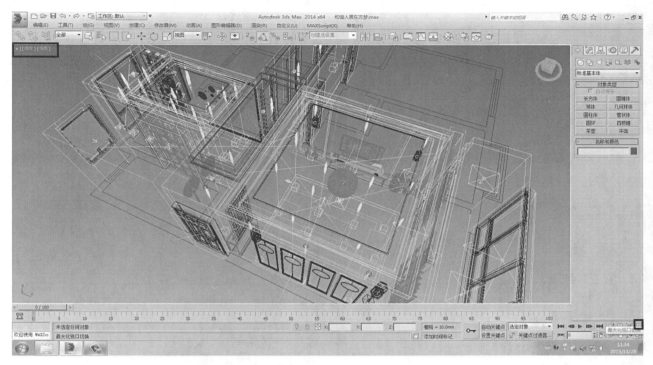

图3-4　透视图

3.1.1　主光源VRay灯光的参数设置

　　下面，学习主光源VRay灯光的参数设置。

　　单击界面右下方的【最大比视口切换】按钮（⊡），回到界面中，选中"俯视图"，单击界面右下方的【最大比视口切换】按钮（⊡），将"俯视图"最大化。

　　选中阳台的主光源，如图3-5所示。

　　阳台的主光源采用VRay灯光，在右侧"修改

命令面板"中，将"参数"中的"目标距离"设置为"200.0mm"，"倍增器"值设置为"4.5"，单击"颜色"方块按钮，如图3-6所示。

　　打开"颜色选择器：颜色"命令框，将"红"设置为"141"，"绿"设置为"181"，"蓝"设置为"255"，单击【确定】，如图3-7所示。

　　向下滑动，勾选打开"不可见"，在"采样"中，将"细分"设置为"30"，"阴影偏移"设置为"0.02mm"，"中止"设置为"0.001"，如图3-8所示。

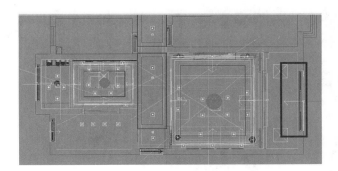

图3-5　阳台主光源

图3-6　修改面板

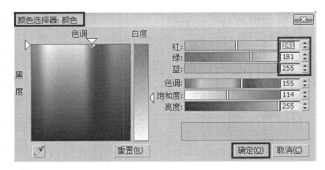

图3-7　"颜色选择器：颜色"命令框

图3-8　"采样"设置

3.1.2　推拉门辅助光源VRay灯光的参数设置

将刚设置好的VRay灯光复制到推拉门的位置，如图3-9所示。

选中推拉门处的光源，在右侧"修改命令面板"中对VRay

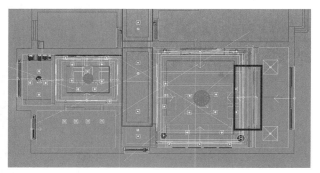

图3-9　推拉门位置光源

灯光进行参数设置，将"参数"中的"目标距离"设置为"200.0mm"，"倍增器"值设置为"4.5"，单击"颜色"方块按钮，如图3-10所示。

打开"颜色选择器：颜色"命令框，将颜色调浅一些，"红"设置为"230"，"绿"设置为"239"，"蓝"设置为"255"，单击【确定】，如图3-11所示。

图3-10　参数设置

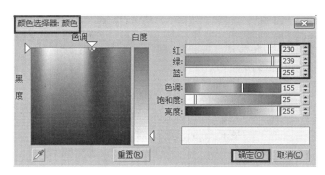

图3-11　颜色参数设置

3.1.3　阳台的补光光源灯光的参数设置

选中阳台的补光光源，在界面空白处单击鼠标【右键】，选择"顶"，如图3-12所示。

在"顶视图"中，将右侧"修

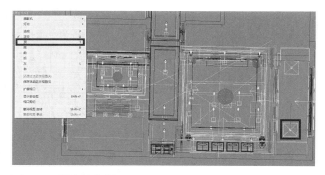

图3-12　阳台补光光源

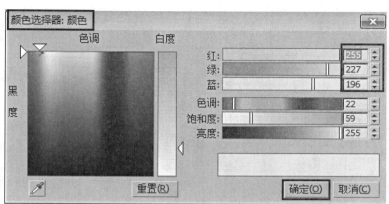

图3-14　颜色参数设置

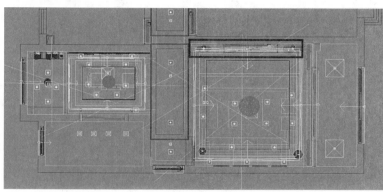

图3-13　参数设置　　　图3-15　吊顶灯光　　　　　　　　　　　　　　　　　图3-16　吊顶参数设置

改命令面板""参数"中的"倍增器"值设置为"15"，"大小"中的"1/2长"和"1/2宽"均设置为"300"，单击"颜色"方块按钮，如图3-13所示。

　　打开"颜色选择器：颜色"命令框，将"红"设置为"255"，"绿"设置为"227"，"蓝"设置为"196"，单击【确定】，如图3-14所示。

3.1.4　客厅吊顶灯槽光源灯光的参数设置

　　将绘制好的阳台补光光源的参数设置复制到周围吊顶的VRay灯光，如图3-15所示。

　　选中"吊顶"灯光，在右侧"修改命令面板"中将"参数"中的"倍增器"值设置为"4.5"，"大小"中的长宽则根据吊顶灯槽进行设置，单击"颜色"方块按钮，如图3-16所示。

　　打开"颜色选择器：颜色"命令框，将颜色调为暖光源，"红"设置为"255"，"绿"设置为"203"，"蓝"设置为"148"，单击【确定】，如图3-17所示。

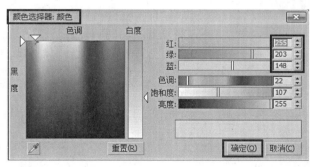

图3-17　吊顶颜色参数

3.1.5　顶部射灯光源的参数设置

　　对射灯光源进行VRay参数设置，如图3-18所示。

　　选中射灯，在右侧"修改命令

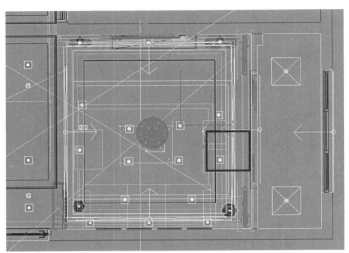

图3-18　射灯光源

图3-21　打开光域Web文件

面板"中，将"灯光属性"勾选"启用"并采用"目标"灯光，勾选"阴影"中的"启用"，打开阴影，使用"阴影贴图"，并将"灯光分布（类型）"设置为"光学度Web"，如图3-19所示。

向下滑动，在"分布（光度学Web）"中单击【SD-020】按钮，如图3-20所示。

打开"打开光域Web文件"命令框，选中文件"SD-020.IES"，单击【打开】，如图3-21所示。

颜色选用"D65 Illuminant（基准白色）"，"强度"选为"cd"，单击"过滤颜色"右侧的颜色方块按钮，如图3-22所示。

打开"颜色选择器：过滤器颜色"命令框，将"红"设置为"255"，"绿"设置为"211"，"蓝"设置为"176"，单击【确定】，如图3-23所示。

将其进行打射，在前视图中可以看到客厅打射的方式是从顶部到底端，如图3-24所示。

单击界面右下方的【最大比视口切换】按钮（　），回到界面中，选中"顶视图"，单击界面右下方的【最大比视口切换】按钮（　），将"顶视图"最大化，选中客厅靠墙一侧的射灯，如图3-25所示。

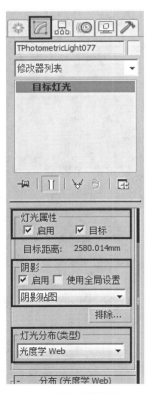

图3-19　射灯参数设置

图3-20　分布（光学度Web）

图3-22　颜色选用

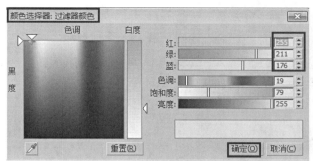

图3-23　颜色选择器：过滤器颜色

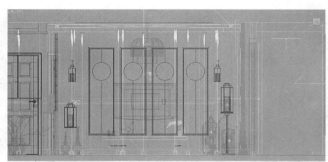

图3-24　打射方式

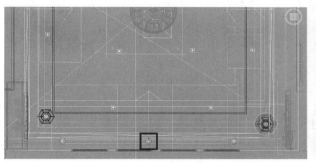

图3-25　选中射灯

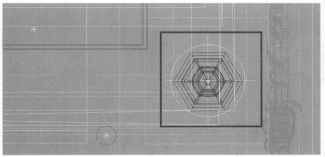

图3-26　复制射灯

3.1.6　落地灯光的参数设置

将其复制到吊顶的射灯位置，单击"全部"选择"L-灯光"，如图3-26、图3-27所示。

单击界面右下方的【最大比视

口切换】按钮（ ），回到界面中，选中"透视图"，单击界面右下方的【最大比视口切换】按钮（ ），将"透视图"最大化，在客厅落地灯的位置安装一个VRay灯光，如图3-28所示。

在右侧"修改命令面板"中，将"参数"中的"类型"设置为"球体"，"倍增器"值设置为"5.0"，

图3-27　L-灯光

图3-28　落地灯

图3-29　参数设置

单击"颜色"右侧的方块按钮，如图3-29所示。

打开"颜色选择器：颜色"命令框，将颜色调为暖光源，"红"设置为"255"，"绿"设置为"220"，"蓝"设置为"191"，单击【确定】，如图3-30所示。

勾选打开"不可见"、"影响高光反射"，如图3-31所示。

3.1.7　走廊灯光的参数设置

单击界面右下方的【最大比视口切换】按钮（ ），回到界面中，选中"顶视图"，单击界面右下方的【最大比视口切换】按钮（ ），将"顶视图"最大化，将光源复制到走廊射灯位置，如图3-32所示。

在走廊一些较暗的位置，可以采用VRay的补光，选中较暗位置的光源，如图3-33所示。

在右侧"修改命令面板"的"参数"中将"类型"设置为"平面"，"倍增器"值设置为"150.0"（因为光源的面积比较小），单击"颜色"方块按钮，如图3-34所示。

打开"颜色选择器：颜色"命令框，将颜色调为白色，"红"设置为"255"，"绿"设置为"255"，"蓝"设置为"255"，单击【确定】，如图3-35所示。

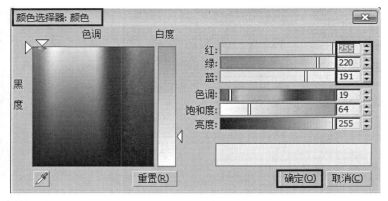

图3-30　颜色选择器：颜色

图3-31　勾选打开

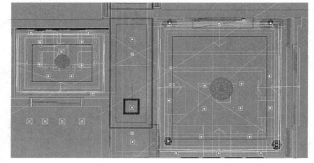

图3-32　走廊射灯

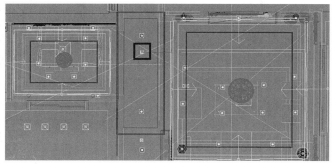

图3-33　较暗位置光源

图3-34　平面

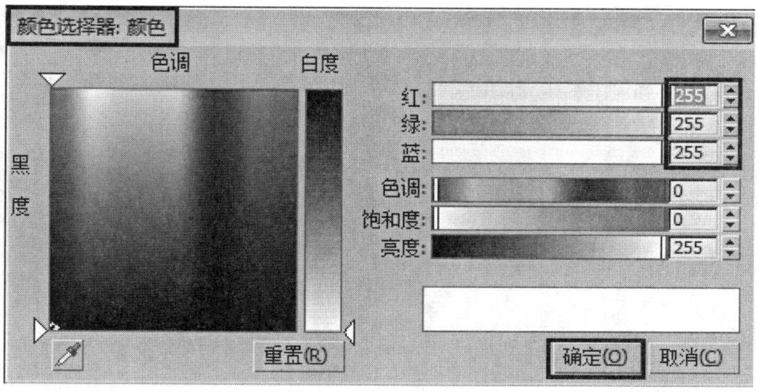

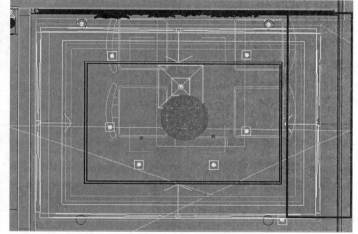

图3-35　颜色选择器：颜色

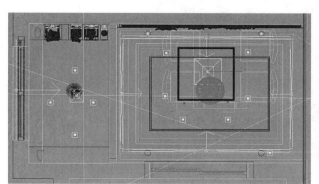

图3-36　餐厅灯

3.1.8　餐厅灯槽灯光的参数设置

选中餐厅吊顶灯槽的灯，其VRay参数设置采用与客厅同样的数值，如图3-36所示。

在餐厅桌面顶部，安装一个

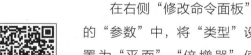

VRay灯光，如图3-37所示。

在右侧"修改命令面板"的"参数"中，将"类型"设置为"平面"，"倍增器"值设置为"20.0"（倍增器：20.0），单击"颜色"，如图3-38所示。

打开"颜色选择器：颜色"命令框，将颜色调制为暖色，"红"设置为"255"，"绿"设置为"213"，"蓝"设置为"168"，单击【确定】，如图3-39所示。

向下滑动，勾选打开"不可见"，如图3-40所示。

图3-38　参数设置

图3-37　餐桌顶部光源

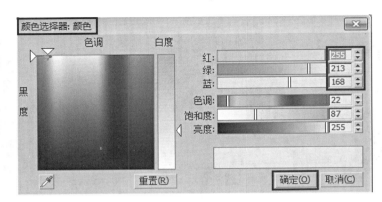

图3-39　颜色选择器：颜色

图3-40　勾选打开"不可见"

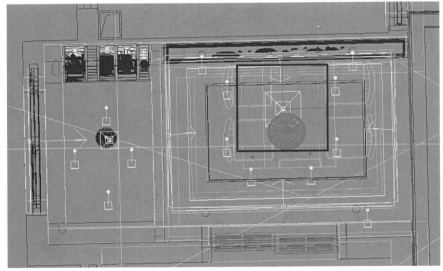

图3-41　打射位置

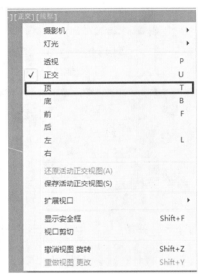

图3-42　顶

3.1.9　餐厅主光源灯光的参数设置

其打射的位置安置在灯下方的位置，安置在桌面的上方，如图3-41所示。

单击鼠标【右键】，选择"顶"，将"顶视图"置为当前界面，如图3-42所示。

厨房左侧的小茶吧室采用同样光源，如图3-43所示。

博古架的位置可以采用VRay灯光，进行补充光照处理，如图3-44所示。

在右侧"修改命令面板"中，可以将"倍增器"

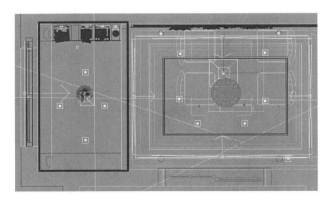

图3-43　小茶吧室

值调小一些（ 倍增器：9.0 ），颜色设置为暖色光，如图3-45、图3-46所示。

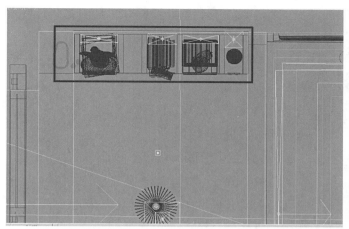

图3-44　博古架

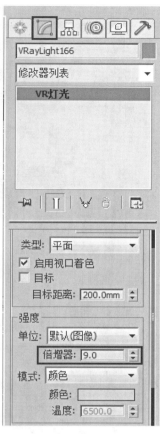

图3-45　参数设置

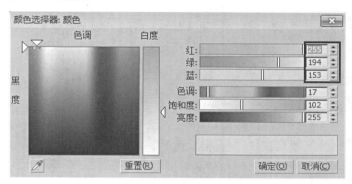

图3-46　颜色选择器：颜色

3.1.10　北侧窗户光源灯光的参数设置

选中小茶吧北侧窗户的光线，如图3-47所示。

在右侧"修改命令面板"中，将"倍增器"值设置为"4.5"，"大小"以包裹窗户大小为适，单击"颜色"方块按钮，如图3-48所示。

打开"颜色选择器：颜色"命令框，将颜色调制为冷色，"红"设置为"230"，"绿"设置为"239"，"蓝"设置为"255"，单击【确定】，如图3-49所示。

厨房位置采用的灯光不需特别的处理，因为主要表现客厅、餐厅、茶室等位置。

房间的布光思路将讲到这里。

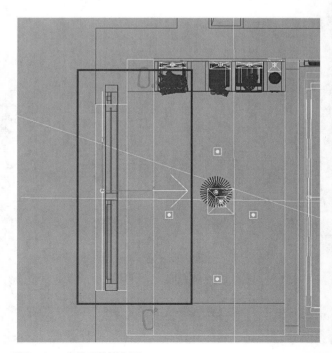

图3-47　小茶吧北侧光源

图3-48　参数设置

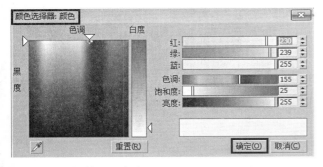

图3-49　颜色选择器：颜色

3.2　摄像机位置与视角设置方法

在界面中选中"透视图"，如图3-50所示。

单击鼠标【右键】，选择"全部解冻"，如图3-51所示。

界面中显示出解冻的图形，如图3-52所示。

选中"顶视图"，单击界面右下方的【最大比视口切换】按钮（ ），将"顶视图"最大化，可以看到摄像机是从餐厅的一个角向客厅进行打射，如图3-53所示。

选中摄像机镜头1，在右侧"修改命令面板"中可以看到摄像机的参数设置。"镜头"设置为"20.0"，"视野"设置为"83.9745"，"类型"设置为"目标摄像机"，如图3-54所示。

参数设置完成后，可以在"Camera001"的"顶视图"中看到加了安全框后，显示出的空间效果，如图3-55所示。

在"透视图"中选中摄像机镜头2，它的摄像效果是将其进行对调，如图3-56所示。

镜头2的"镜头"、"视野"等均与镜头1一致。

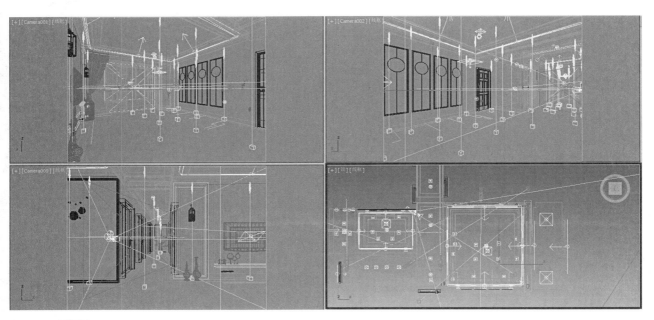

图3-50　透视图

图3-51　全部解冻

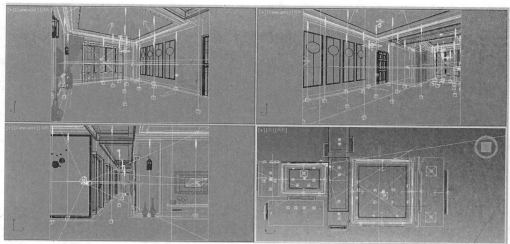

图3-52　解冻后

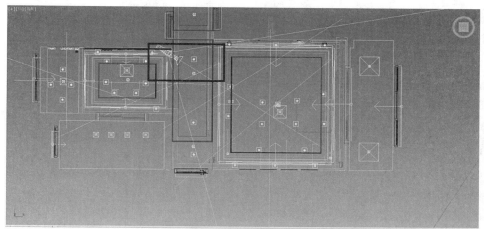

图3-53　摄像机打射

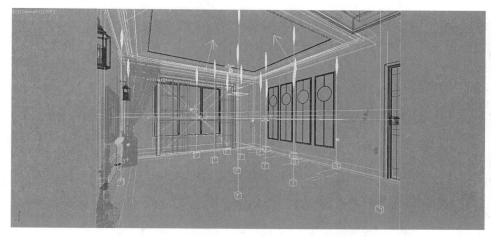

图3-55　效果图

图3-54　参数设置

　　在"Cerama002"的"前视图"中可以看到效果，如图3-57所示。

　　将摄像机复制到走廊位置，在"Cerama009"的"左视图"中可以看到走廊延伸的透视效果，如图3-58、图3-59所示。

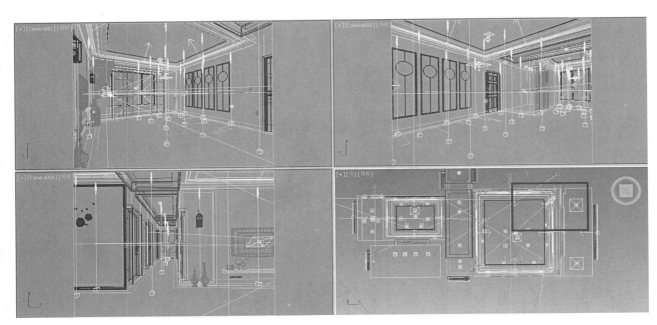

图3-56　镜头

图3-57　效果图

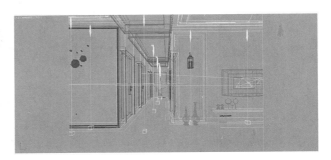

图3-59　走廊效果图

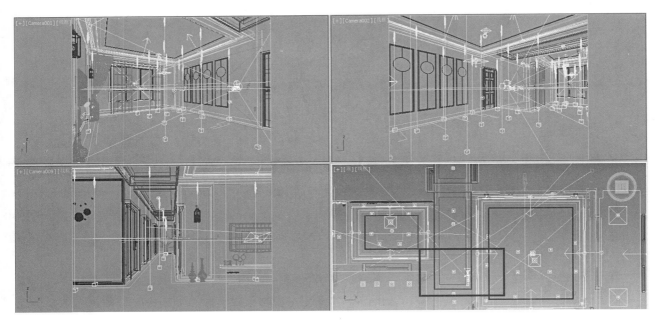

图3-58　走廊摄像机

3.3　室内复古棕色调材质附着技术细部解析

3.3.1　背景墙材质设置

学习"背景墙"的参数设置及材质的附着。

1. 选中背景墙，单击【材质编辑器】，如图3-60所示。

2. 打开"材质编辑器"命令框，选中一个材质球，输入名称为"背景墙"，单击【VR灯光材质】按钮，如图3-61所示。

3. 打开"材质/贴图浏览器"命令框，选中"V-Ray"材质中的"VR灯光材质"，单击【确定】，如图3-62所示。

4. 在"参数"中，将"颜色"的强度设置为"3.0"，单击其右侧的长条按钮，如图3-63所示。

5. 对颜色进一步设置，单击【Bitmap】，如图3-64所示。

6. 打开"材质/贴图浏览器"命令框，在"标准"中选中"位图"，单击【确定】，如图3-65所示。

7. 在"位图参数"中单击"位图"右侧的长条按钮，如图3-66所示。

8. 打开"选择位图图像文件"命令框，选中外景图片作为位图，单击【查看】，可以看到清晰的图像，关闭图像文件，单击【打开】，如图3-67、图3-68所示。

9. 同样，在"位图参数"中单击【查看图像】，也可看到选中位图的清晰图像，而且在打开的图像中可以采用图框的形式对不合适的位置进行修剪，红框内的图像是所需要的部分，如图3-69所示。

10. 完成参数设置后，单击【视口中选中明暗处理材质】按钮（📷），然后单击【将材质指定给选中对象】按钮（🔳），将材质附着到选中的背景墙中，如图3-70所示。

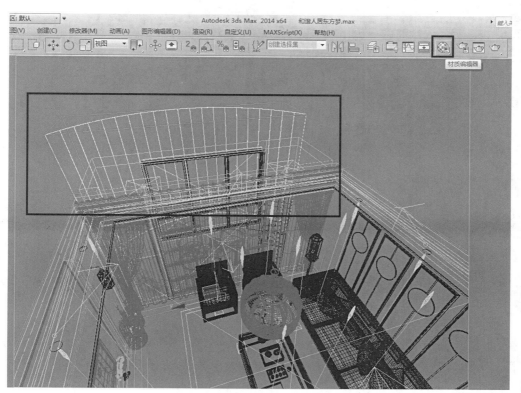

图3-60　背景墙

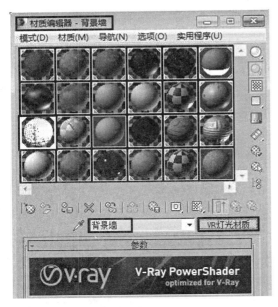

图3-61　"背景墙"材质球

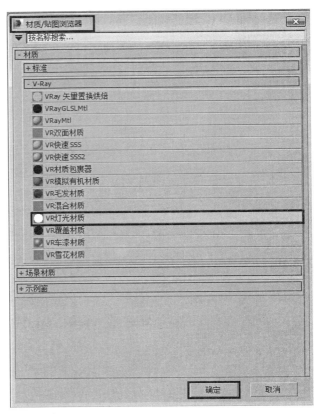

图3-62　VR灯光材质

图3-63　参数设置

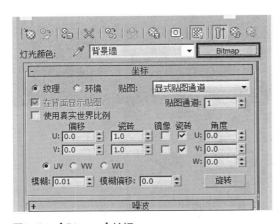

图3-64　【Bitmap】按钮

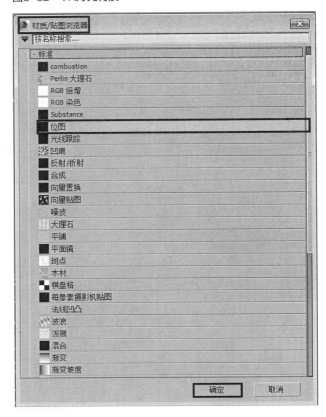

图3-65　位图

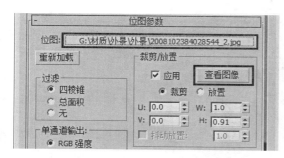

图3-66　位图参数

图3-67　选择位图

图3-69　修剪图形

图3-68　查看图像

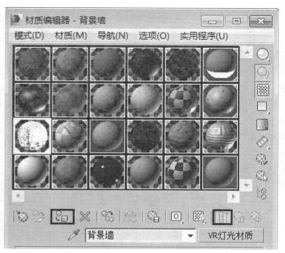

图3-70　附着材质

3.3.2　乳胶漆材质设置

　　学习"乳胶漆"的参数设置及材质的附着。

　　1. 在"材质编辑器"命令框中，选中一个新的材质球，输入名称为"乳胶漆"，使用VRay标准材质"VRayMtl"，在"基本参数中"将"漫反射"的颜色设置为"白色"，"反射光泽度"设置为"0.15"，"细分"设置为"30"，如图3-71所示。

　　2. 在绘制的图形中，选中内墙体作为附着对象，如图3-72所示。

　　3. 参数设置完成后，单击【视口中选中明暗处理材质】按钮（▨），然后单击【将材质指定给选中对象】按钮（▨），将材质附着到选中的内墙体中。

图3-72　选中内墙体

3.3.3　石材地砖材质设置

　　学习"地砖地面"的参数设置及材质的附着。

　　1. 在"材质编辑器"命令框中，选中一个新的材质球，输入名称为"地砖地面"，使用VRay标准材质"VRayMtl"，在"基本参数"的"漫反射"中，单击"漫反射"右侧的【M】，如图3-73所示。

　　2. 对漫反射进一步设置，单击【Tiles】，如图3-74所示。

　　3. 打开"材质/贴图浏览器"命令框，在"贴图"的"标准"中选择"平铺"，单击【确定】按钮，如图3-75所示。

　　4. 在"标准控制"中将"预设类型"设置为"堆栈砌合"，如图3-76所示。

　　5. 在"高级控制"中，单击"纹理"右侧的长条按钮（），如图3-77所示。

　　6. 选择一个VRay贴图，单击【查看图像】按钮，可以看到清晰的石材底板贴图纹理图像，如图3-78、图3-79所示。

　　7. 单击【转到父对象】按钮（▨），在"高级控制"的"平铺设置"中，将"水平数"设置为"1.0"，"垂直数"设置为"1.0"，如图3-80所示。

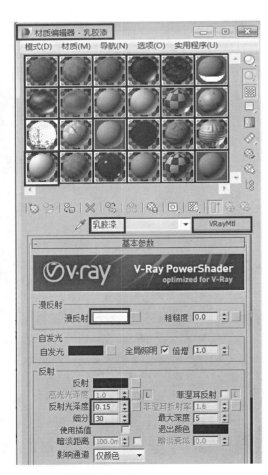

图3-71　乳胶漆参数设置

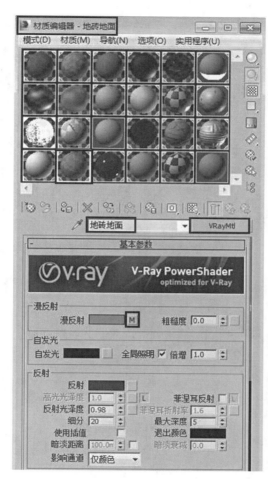

图3-73　地砖地面参数设置

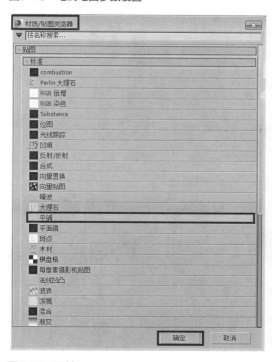

图3-75　平铺

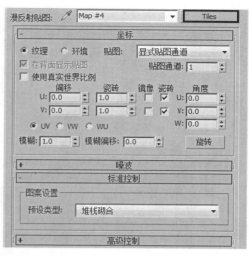

图3-74　漫反射设置

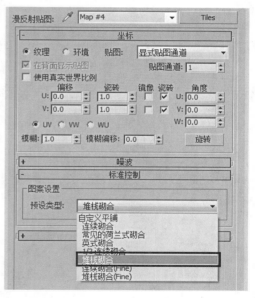

图3-76　预设类型：堆栈砌合

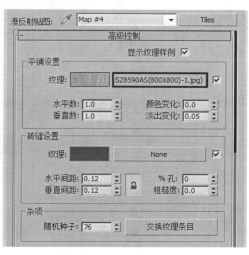

图3-77　纹理设置

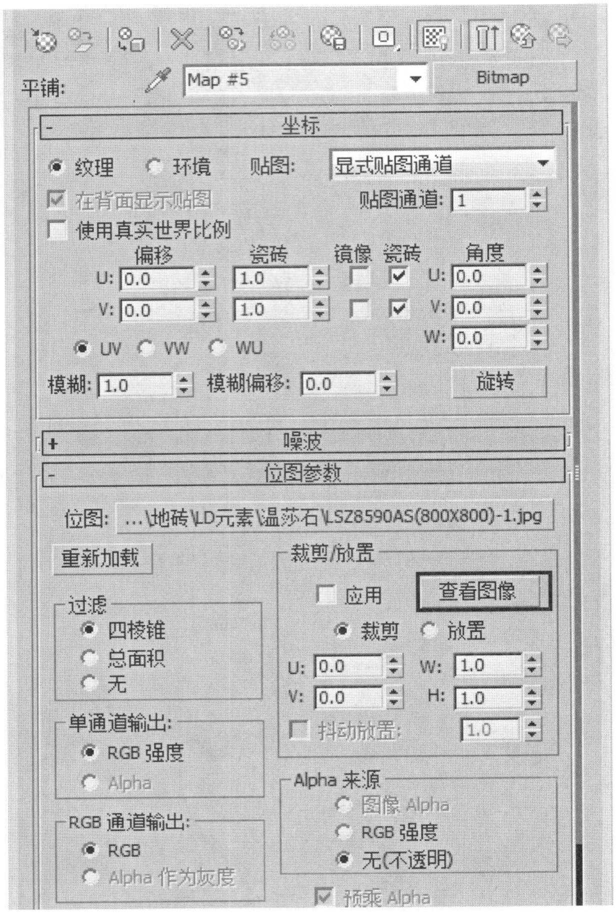

图3-80　高级控制

图3-78　查看图像

8. 在"砖缝设置"中，单击"纹理"右侧的颜色方块，打开"颜色控制器：砖缝"命令框，将颜色调制为黑灰色，"红"设置为"51"，"绿"设置为"51"，"蓝"设置为"51"，单击【确定】，将"水平间距"设置为"0.12"，"垂直间距"设置为"0.12"，如图3-81、图3-82所示。

9. 单击【转到父对象】按钮（🔲），回到参数设置。在"基本参数"的"反射"中，单击"反射"

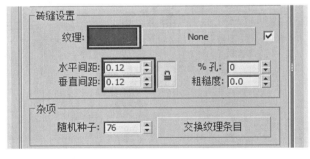

图3-81　砖缝设置

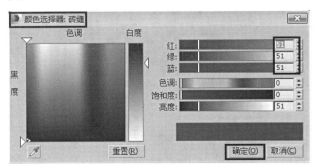

图3-79　石材贴图纹理

图3-82　颜色控制器：砖缝

右侧的颜色方块按钮，打开"颜色选择器：反射"，将"亮度"设置为"37"。将"反射光泽度"设置为"0.98"，"细分"设置为"20"，如图3-83、图3-84所示。

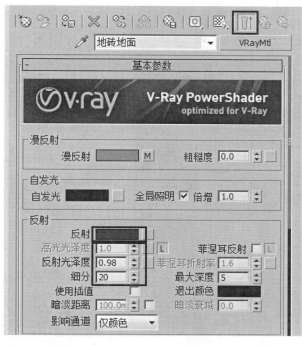

图3-83　反射设置

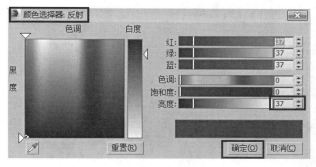

图3-84　颜色选择器：反射

10．设置完成后，选中图中的地板，单击【视口中选中明暗处理材质】按钮（图），然后单击【将材质指定给选中对象】按钮（图），将材质附着到选中的地板中。

3.3.4　木质木纹材质设置

下面，学习"木纹"的参数设置及材质的附着。

1．在"材质编辑器"命令框中，选中一个新的材质球，输入名称为"木纹"，使用VRay标准材质"VRayMtl"，在"基本参数"中单击"漫反射"右侧的【M】，如图3-85所示。

2．对漫反射进一步设置，在"位图参数"中，单击"位图"右侧的长条按钮（位图：...0414_694503d3365f26c6b23dBuF9LeZAceYKaaz.jpg）。

3．打开"选择位图图像文件"命令框（选择位图图像文件），选中木纹图像，单击【打开】，如图3-86所示。

在"材质编辑器"的"位图参数"中单击【查看图像】按钮，可以看到清晰的木纹图像。

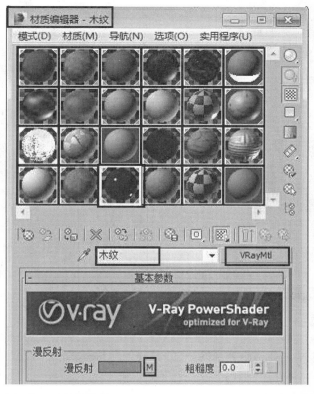

图3-85　木纹材质球

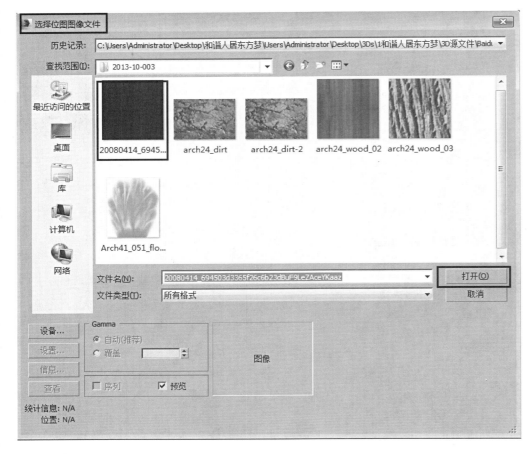

图3-86　木纹图像

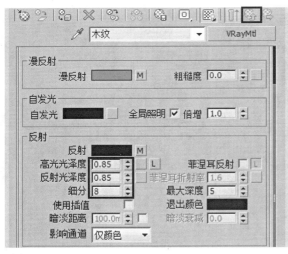

图3-87　反射设置

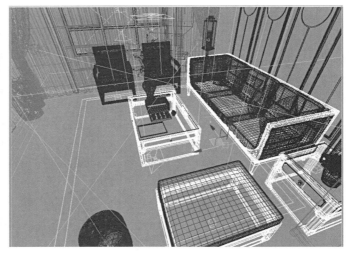

图3-88　选中家具

4. 单击【转到父对象】按钮，回到参数设置。在"基本参数"的"反射"中，打开"高光光泽度"并设置为"0.85"，将"反射光泽度"设置为"0.85"，"细分"设置为"8"，如图3-87所示。

5. 选中图中的沙发木质纹理部分，按住键盘上的【Ctrl】键，继续选择其他家具（如茶几、柜子等）的木质纹理部分，统一进行材质的附着，如图3-88所示。

6. 参数设置完成后，单击【视口中选中明暗处

理材质】按钮，然后单击【将材质指定给选中对象】
按钮，将材质附着到选中的家具中。

3.3.5　布艺沙发材质设置

学习"布艺沙发纹理"的参数
设置及材质的附着。

1. 在"材质编辑器"命令
框中，选中一个新的材质球，输
入名称为"布艺沙发纹理"，使用VRay标准材质
"VRayMtl"，在"基本参数"的"漫反射"中，单
击"漫反射"右侧的【M】，如图3-89所示。

2. 对漫反射进一步设置，添加一个贴图材质，
在"位图参数"中单击"位图"右侧的长条按钮，
选择一个布艺的麻纹材质，单击【查看图像】，清晰
的查看添加的贴图图像，如图3-90、图3-91所示。

3. 单击【转到父对象】按钮（图），在图中选
中沙发布艺，如图3-92所示。

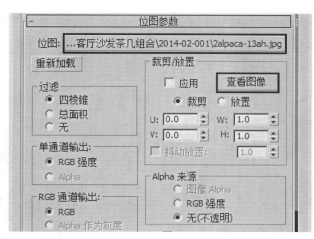

图3-90　位图参数

图3-91　布艺麻纹材质

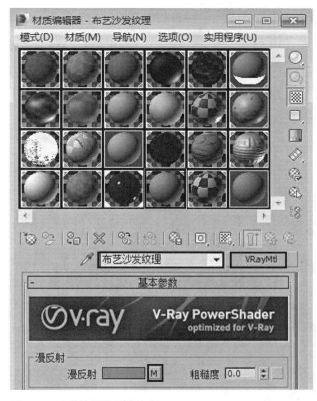

图3-89　布艺沙发纹理材质球

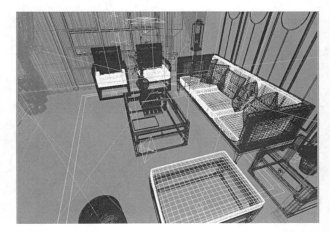

图3-92　沙发布艺

4. 参数设置完成后，单击【视口中选中明暗处理材质】按钮（🖼），然后单击【将材质指定给选中对象】按钮（🔳），将材质附着到选中的沙发布艺中。

3.3.6 布艺抱枕材质设置

学习"抱枕"的参数设置及材质的附着。

1. 在"材质编辑器"命令框中，选中一个新的材质球，输入名称为"抱枕1"，单击名称右侧的方块按钮，打开"材质/贴图浏览器"命令框，在"材质"的"标准"中选中"多维/子对象"，单击【确定】。在"多维/子对象基本参数"中，单击"ID"的第一个材质【bz1（VRayMtl）】按钮，如图3-93、图3-94所示。

2. 在"参数设置"的"漫反射"中单击"漫反

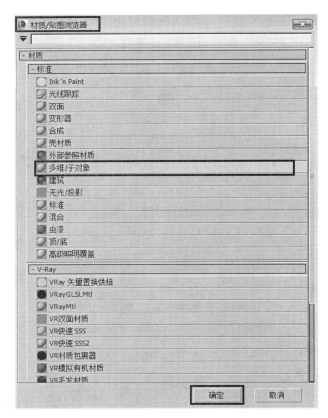

图3-94　多维/子对象

射"右侧的【M】，如图3-95所示。

3. 对漫反射进一步设置，单击名称"Map#4"右侧的【Falloff】按钮（ Map #4　Falloff ），打开"材质/贴图浏览器"命令框，选中"衰减"，单击【确定】，在"衰减参数"的"前：侧"中单击第一个长条按钮，增加一个材质（ Map #5 (2alpaca-17f1.jpg) ），如图3-96、图3-97所示。

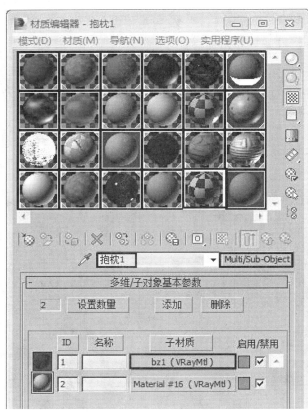

图3-93　抱枕1材质球

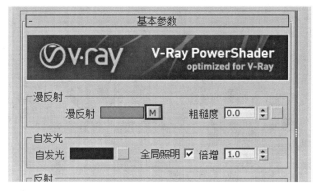

图3-95　漫反射

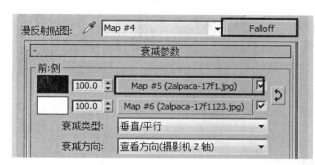

图3-96　漫反射设置

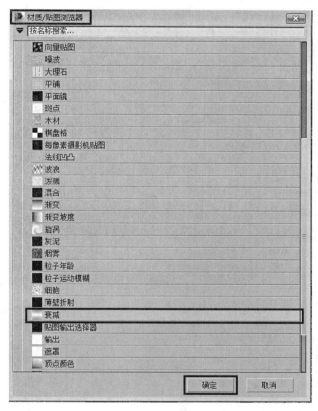

图3-97　衰减

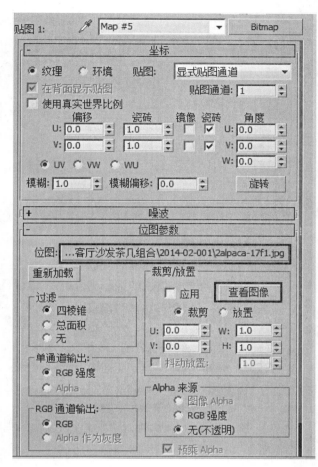

图3-98　位图参数

4. 在"位图参数"中，单击"位图"右侧的长条按钮，选择深蓝色麻布纹理，单击【查看图像】按钮，可以看到清晰的图形，如图3-98、图3-99所示。

5. 单击【转到父对象】按钮（　），回到"衰减参数"设置中，单击第二个长条按钮，如图3-100所示。

6. 在"位图参数"中，单击"位图"右侧的长条按钮，选择浅蓝色麻布纹理，单击【查看图像】，可以看到清晰的图形。

图3-99　深蓝色麻布纹理

图3-100　衰减参数

7. 单击【转到父对象】按钮（  ），回到"衰减参数"设置中，使两种颜色进行混合，将"混合曲线"调成曲线段，如图3-101所示。

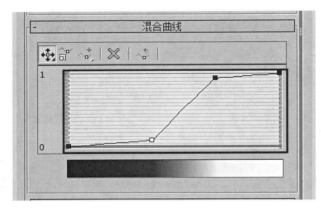

图3-101　混合曲线

8. 单击【转到父对象】按钮（ ），回到参数设置。在"反射"中将"高光光泽度"设置为"0.45"，"反射光泽度"设置为"0.55"，"细分"设置为"16"，勾选打开"菲涅耳反射"，如图3-102所示。

9. 单击【转到父对象】按钮（ ），在"多维/子对象基本参数"中，单击"ID"的第二个材质【Material#16（VRayMtl）】，如图3-103所示。

10. 在"参数设置"的"漫反射"中单击"漫反射"右侧的【M】，对漫反射进一步设置，在"位图参数"中，单击"位图"右侧的长条按钮，打开"选择位图图像文件"命令框（ 选择位图图像文件 ），选

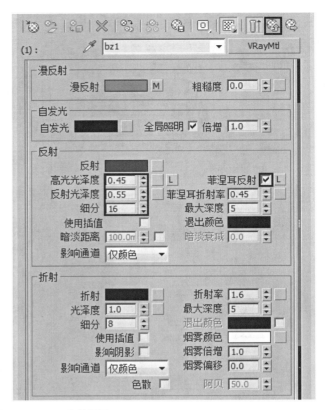

图3-102　参数设置

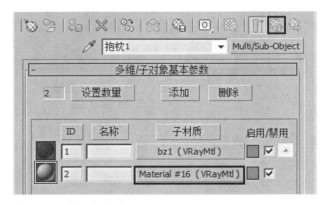

图3-103　第二个材质

择位图图像，单击【打开】，如图3-104所示。

11. 为抱枕添加一个金黄色的边纹，单击【查看图像】，可以看到清晰的图形，并用红框框选出选中的色彩图像，如图3-105所示。

12. 单击【转到父对象】按钮，在图中选中沙发上的三个抱枕，如图3-106所示。

13. 单击【视口中选中明暗处理材质】按钮（ ），然后单击【将材质指定给选中对象】按钮（ ），

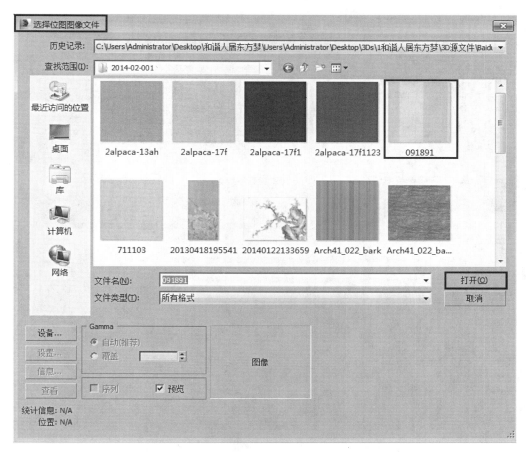

图3-104　位图图像

图3-105　框选图像

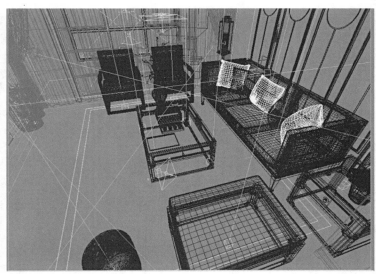

图3-106　三个抱枕

将材质附着到选中的三个抱枕中。

14．在"材质编辑器"命令框中，选中一个新的材质球，输入名称为"抱枕2"，单击名称右侧的方块按钮（抱枕2　　　　　　▼ Multi/Sub-Object），打

开"材质/贴图浏览器"命令框，在"材质"的"标准"中选中"多维/子对象"，单击【确定】。在"多维/子对象基本参数"中，单击"ID"的第一个材质【bz1（VRayMtl）】，如图3-107所示。

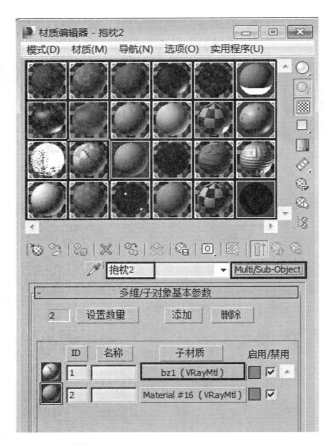

图3-107　抱枕2

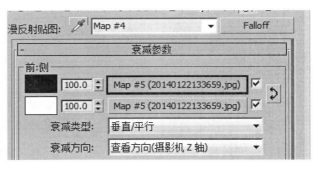

图3-109　衰减参数

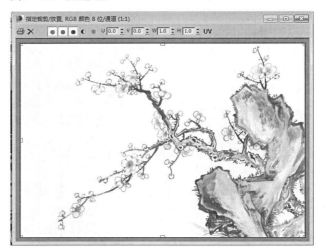

图3-110　清晰梅花纹理

图3-108　漫反射设置

15. 在"参数设置"的"漫反射"中，单击"漫反射"右侧的【M】，如图3-108所示。

16. 在"衰减参数"的"前：侧"中单击第一个长条按钮（Map #5（20140122133659.jpg）），如图3-109所示。

17. 在"位图参数"中，单击"位图"右侧

的长条按钮，增加一个清晰的梅花纹理，单击【查看图像】，可以看到清晰的梅花图像，如图3-110所示。

18. 单击【转到父对象】按钮（ ），回到"衰减参数"设置中，单击第二个长条按钮，按照同样的方法，为其增加相同的梅花纹理。

19. 单击【转到父对象】按钮（ ），回到"衰减参数"设置中，"混合曲线"保持不变，如图3-111所示。

20. 单击【转到父对象】，回到参数设置。在"反射"中将"高光光泽度"设置为"1.0"，"反射光泽度"设置为"1.0"，"细分"设置为"16"，如图3-112所示。

21. 单击【转到父对象】，在"多维/子对象基本参数"中，单击"ID"的第二个材质【Material#16（VRayMtl）】。在"参数设置"的"漫反射"中，

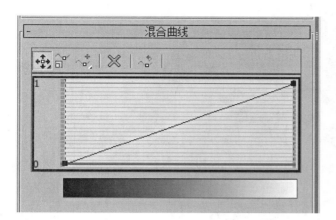

图3-111　混合曲线

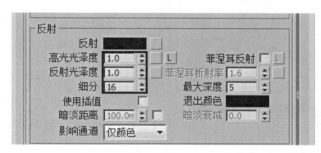

图3-112　反射参数设置

单击"漫反射"右侧的【M】，对漫反射进一步设置。在"位图参数"中，单击"位图"右侧的长条按钮，打开"选择位图图像文件"命令框，选择与抱枕1同样的位图图像，单击【打开】，为抱枕添加一个金黄色的边纹，单击【查看图像】，可以看到清晰的图形，并用红框框选出选中的色彩图像。

22．单击【转到父对象】，在图中选中中间的抱枕，如图3-113所示。

23．单击【视口中选中明暗处理材质】按钮（），然后单击【将材质指定给选中对象】按钮（），将材质附着到选中的中间抱枕中。

24．在"材质编辑器"命令框中，选中一个新的材质球，输入名称为"抱枕3"，单击名称右侧的方块按钮，打开"材质/贴图浏览器"命令框，在"V-Ray"中，选中"VR材质包裹器"，单击【确定】。在"VR材质包裹器参数"中，单击"基本材质"右侧的长条按钮，如图3-114、图3-115所示。

25．在"基本参数"的"漫反射"中，单击

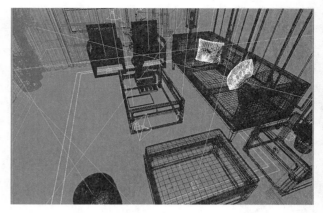

图3-113　中间抱枕

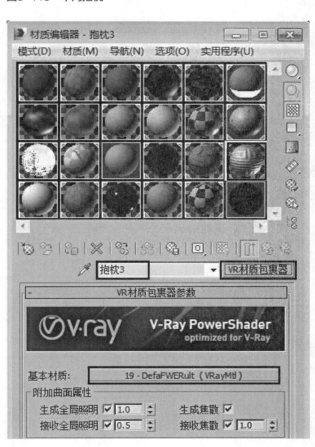

图3-114　抱枕3材质球

"漫反射"右侧的【M】，对漫反射进一步设置。在"位图参数"中，单击"位图"右侧的长条按钮，选择合适的位图，单击【查看图像】，查看清晰的位图图像，并用红框框选出图像中需要的部分，如图3-116所示。

26．单击【转到父对象】按钮（），在"基

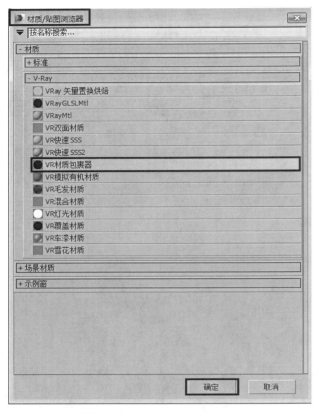

图3-115　VR材质包裹器

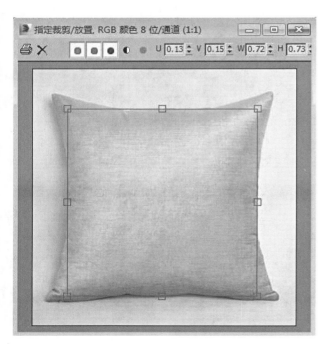

图3-116　框选

本参数"的"反射"中，单击"反射"右侧的颜色方块按钮（反射 ），打开"颜色选择器：反射"，将"红"、"绿"、"蓝"均设置为"255"，单击【确定】。将"高光光泽度"设置为"0.55"，"反射光泽度"设置为"0.8"，"细分"设置为"8"，勾选打开"菲涅尔反射"（菲涅耳反射☑），如图3-117、图3-118所示。

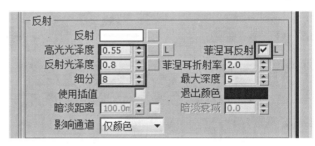

图3-117　反射参数设置

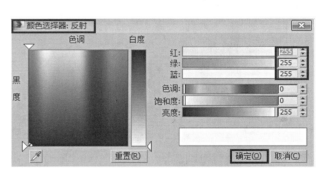

图3-118　反射颜色参数设置

27. 单击【转到父对象】按钮（），在"VR材质包裹器参数"的"附加曲面属性"中，勾选打开"生成全局照明"、"接收全局照明"、"生成焦散"、"接收焦散"（接收焦散☑），如图3-119所示。

28. 在图中选中两个抱枕，如图3-120所示。

29. 单击"基本材质"右侧的长条按钮，在"基本参数"的"贴图"中，将"凹凸"值设置为"200.0"，并增加一个凹凸贴图，单击"凹凸"右侧的长条按钮，如图3-121所示。

30. 在"位图参数"中，单击"位图"右侧的长条按钮，选择合适的位图，单击【查看图像】，查看清晰的位图图像，并用红框框选出图像中需要的

图3-119　附加曲面属性设置

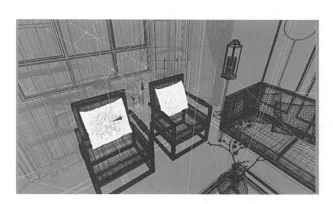

图3-120　两个抱枕

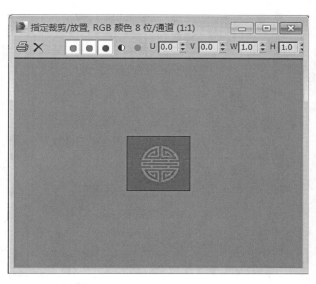

图3-122　万字符号

部分，增加一个万字符号，做一个凹凸纹理，如图3-122所示。

31. 参数设置完成后，单击【视口中选中明暗处理材质】按钮（⊞），然后单击【将材质指定给选中对象】按钮（⊞），将材质附着到选中的抱枕中。

3.3.7　亚光油漆材质设置

学习"蓝色亚光漆"的参数设置及材质的附着。

1. 选中图中的矮凳，如图3-123所示。

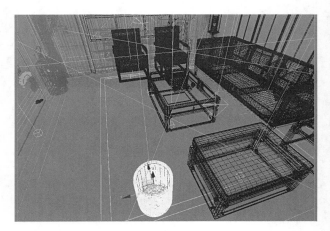

图3-123　矮凳

图3-121　凹凸

2. 在"材质编辑器"命令框中，选中一个新的材质球，输入名称为"蓝色亚光漆"，使用VRay标准材质"VRayMtl"。在"参数设置"的"漫反射"中，单击"漫反射"右侧的颜色方块，如图3-124所示。

3. 打开"颜色选择器：漫反射"命令框，将"红""绿""蓝"分别设置为"151"、"210"、"255"，单击【确定】，如图3-125所示。

4. 在"反射"中，单击"反射"右侧的颜色方块按钮，打开"颜色选择器：反射"命令框，将"亮度"设置为"37"，单击【确定】。将"反射光泽度"设置为"0.98"，"细分"设置为"8"，如图3-126、图3-127所示。

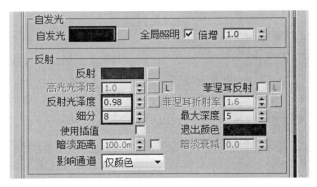

图3-126　反射参数设置

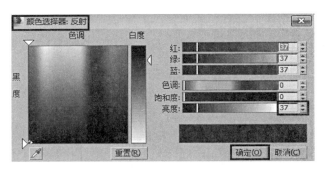

图3-127　反射亮度设置

5. 单击【视口中选中明暗处理材质】按钮（），然后单击【将材质指定给选中对象】按钮（），将材质附着到选中的矮凳中。

3.3.8　地毯绒毛材质设置

学习"地毯"的参数设置及材质的附着。

1. 在图中选中茶几下的地毯，如图3-128所示。

2. 在"材质编辑器"命令框中，选中一个新的材质球，输入名称为"地毯"，使用VRay标准材质"VRayMtl"。在"参数设置"的"漫反射"中，单击"漫反射"右侧的【M】，如图3-129所示。

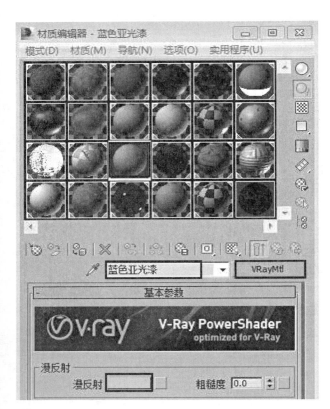

图3-124　蓝色亚光漆材质球

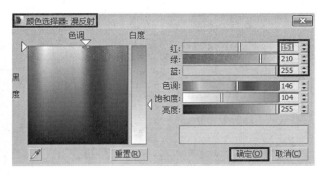

图3-125　漫反射颜色设置

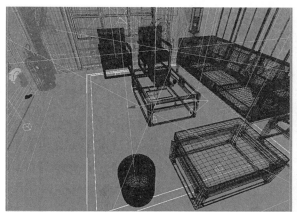

图3-128　地毯

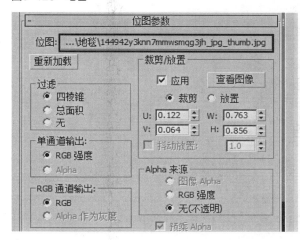

图3-130　位图参数设置

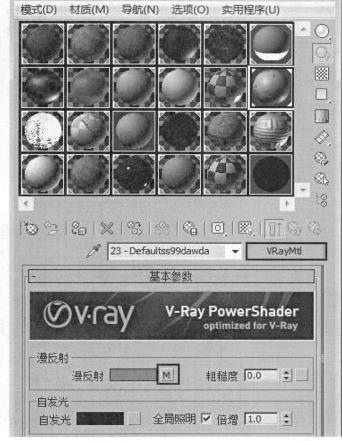

图3-129　地毯材质球

3.　对漫反射进一步设置，在"位图参数"中，单击"位图"右侧的长条按钮，打开"选择位图图像文件"命令框，选中地毯的纹理图像位图，单击【打开】，如图3-130、图3-131所示。

4.　单击【查看图像】，可以对选中的地毯纹理图像用红框进行框选，选出需要的纹理，如图3-132所示。

5.　单击【转到父对象】按钮（ ），在"参数设置"的"反射"中，将"高光光泽度"设置为"0.65"，"反射光泽度"设置为"0.85"，"细分"设置为"16"，如图3-133所示。

6.　参数设置完成后，单击【视口中

图3-131　选中位图

图3-132　地毯纹理

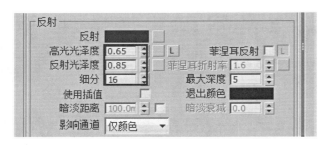

图3-133　反射参数设置

选中明暗处理材质】按钮（▨），然后单击【将材质指定给选中对象】按钮（⬚），将材质附着到选中的地毯中。

3.3.9　黑玻璃桌面材质设置

学习"茶几桌面"的参数设置及材质的附着。

1. 图中的茶几采用黑玻璃的桌面，所以在"材质编辑器"命令

框中，选中一个新的材质球，输入名称为"茶几黑玻璃"，使用VRay标准材质"VRayMtl"。在"参数设置"的"漫反射"中，单击"漫反射"右侧颜色方块按钮，如图3-134所示。

2. 打开"颜色选择器：漫反射"命令框，将颜色调制为高光，"红"、"绿"、"蓝"均设置为"9"，将"亮度"设置为"9"，单击【确定】，如图3-135所示。

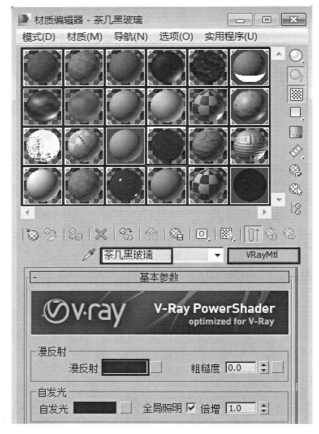

图3-134　茶几黑玻璃材质球

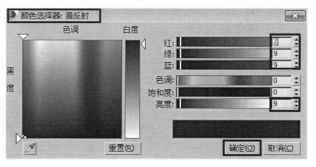

图3-135　漫反射颜色参数设置

3. 在"反射"中，单击"反射"右侧的颜色
方块按钮，打开"颜色选择器：反射"命令框，将
"红"、"绿"、"蓝"均设置为"255"，单击【确定】。
将"反射光泽度"设置为"0.95"，（反射光泽度 0.95 ）
"细分"设置为"8"（细分 8 ），勾选打开"菲涅尔
反射"（菲涅耳反射 ✓ ），如图3-136、图3-137所示。

图3-136　反射参数设置

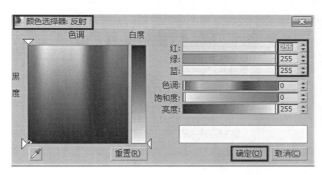

图3-137　反射颜色参数设置

4. 在图中选中茶几桌面，单击【视口中选中明
暗处理材质】按钮（ ▨ ），然后单击【将材质指定
给选中对象】按钮（ ▨ ），将材质附着到选中的茶几
桌面上，如图3-138所示。

选中茶几桌面有两种方法。

第一种：

精细的选中。

第二种：

1. 将鼠标放置在图形界面的左上角的"线框"
上，单击鼠标【右键】，选择"真实"，如图3-139
所示。

2. 采用这种形式，选中茶几桌面，如图3-140
所示。

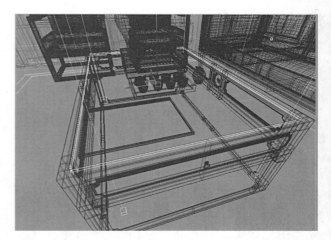

图3-138　茶几黑色玻璃桌面

图3-139
线框换为真实

图3-140　真实

3. 将鼠标放置在图形界面的左上角的"真实+边面"上，单击鼠标【右键】，选择"线框"。

在图中选中电视，单击【视口中选中明暗处理材质】按钮（ ▨ ），然后单击【将材质指定给选中对象】按钮（ ⬚ ），附着黑玻璃材质（黑玻璃材质相当于亚光漆的材质），如图3-141所示。

图3-141　电视

3.3.10　屏风挂画材质设置

学习"屏风挂画"的参数设置及材质的附着。

沙发背景墙上的屏风挂画可以为梅兰竹菊，对其分别进行设置，依旧采用VRay材质。

1. 在"材质编辑器"命令框中，选中一个新的材质球，输入名称为"屏风挂画"，使用VRay标准材质"VRayMtl"，在"基本参数"的"漫反射"中，单击"漫反射"右侧的【M】，如图3-142所示。

2. 对漫反射进一步设置，在"位图参数"中，

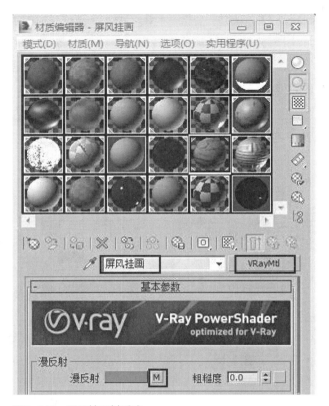

图3-142　屏风挂画材质球

单击"位图"右侧的长条按钮，打开"选择位图图像文件"命令框，选中屏风位图，单击【打开】，如图3-143所示。

3. 单击【查看图像】，可以对选中的屏风图像用红框进行框选，选出图像下方椭圆形水墨画，如图3-144所示。

4. 单击【转到父对象】按钮（ ⬚ ），在图中选中沙发背景墙上的画框部位，将鼠标放置在图形界面的左上角的"线框"上，单击鼠标【右键】，选择"真实"，如图3-145所示。

5. 在"真实"中，选中画框，单击菜单栏中的【组】，选择"解组"，将画框进行分解，如图3-146所示。

6. 依次选中沙发背景墙上的四幅屏风画框，单击菜单栏中的【组】按钮，选择"解组"，将画框进行分解。

7. 选中屏风画框中的圆圈，将鼠标放置在图形

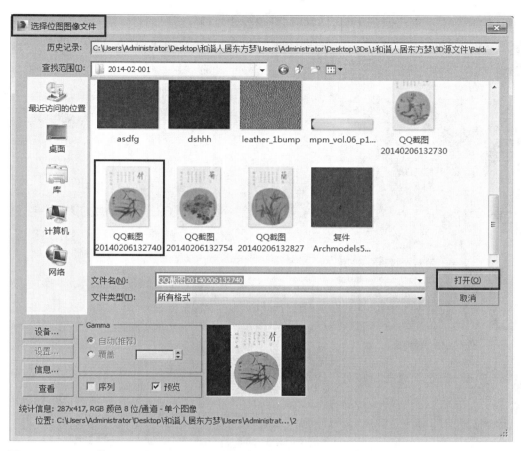

图3-143　屏风：竹

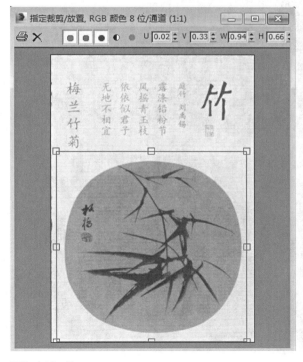

图3-144　竹

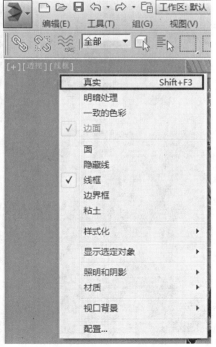

图3-145　选中画框

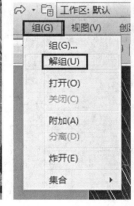

图3-146　解组

3.3.15　陶瓷材质设置

学习"陶瓷"的参数设置及材质的附着。

1. 在图中选中花瓶，为其附着陶瓷材质，如图3-198所示。

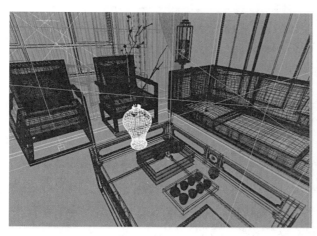

图3-198　花瓶

2. 在"材质编辑器"命令框中，选中一个新的材质球，输入名称为"陶瓷花瓶1"，使用VRay标准材质"VRayMtl"。在"参数设置"的"漫反射"中，单击"漫反射"右侧颜色方块按钮，如图3-199所示。

3. 打开"颜色选择器：漫反射"，将"红"设置为"18"，"绿"设置为"96"，"蓝"设置为"96"，单击【确定】，如图3-200所示。

4. 在"反射"中，单击"反射"右侧的颜色方块按钮，打开"颜色选择器：反射"，将"红"、"绿"、"蓝"均设置为"255"，单击【确定】。将"反射光泽度"设置为"0.95"，"细分"设置为"8"，如图3-201、图3-202所示。

5. 参数设置完成后，单击【视口中选中明暗处理材质】按钮（🖼），然后单击【将材质指定给选中对象】按钮（🔧），将材质附着到选中的花瓶中。

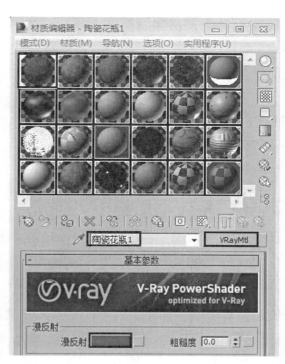

图3-199　陶瓷花瓶1材质球

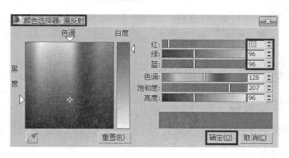

图3-200　漫反射颜色参数设置

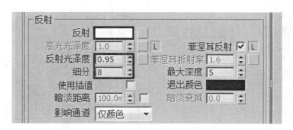

图3-201　反射参数设置

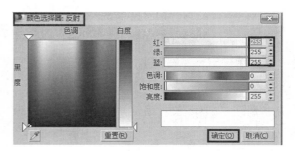

图3-202　反射颜色参数设置

3.3.16　石材电视背景墙材质设置

学习"石材背景墙"的参数设置及材质的附着。

针对电视背景墙的石材贴图，跟地面采用同样石纹材质，只是电视背景墙上的石材没有地面中的接缝。

1. 将鼠标放置在图形界面的左上角的"线框"上，单击鼠标【右键】，选择"真实"，如图3-203所示。

2. 选中背景墙上的图框，单击菜单栏中的【组】，选择"解组"，将选中的图框进行分解，如图3-204所示。

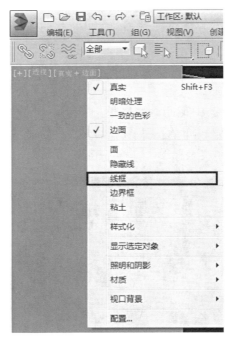

图3-205　线框

图3-203　真实　　　　　图3-204　解组

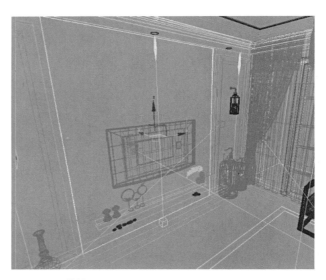

图3-206　墙体

3. 将鼠标放置在图形界面的左上角的"真实+边面"上，单击鼠标【右键】，选择"线框"，如图3-205所示。

4. 在图中选中背景墙的墙面，如图3-206所示。

5. 在"材质编辑器"命令框中，选中一个新的材质球，输入名称为"石材背景墙"，使用VRay标准材质"VRayMtl"，在"基本参数"的"漫反射"中，单击"漫反射"右侧的【M】，如图3-207所示。

6. 对漫反射进一步设置，在"位图参数"中，单击"位图"右侧的长条按钮，选择石材位图，单击【查看图像】，可以对选中的石材图像用红框进行框选，如图3-208所示。

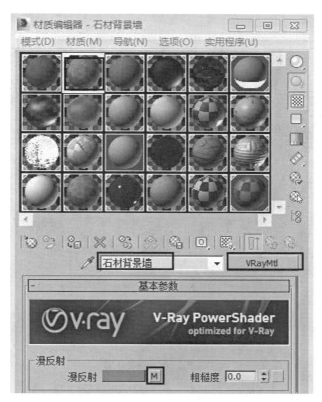

图3-207　石材背景墙材质球

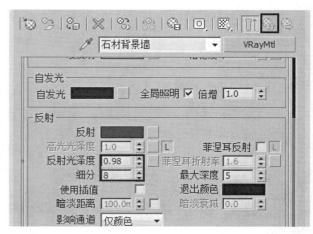

图3-209　反射参数设置

3.3.17　防火板材质设置

　　学习"防火板"的参数设置及材质的附着。

　　1．在图中选中电视背景墙两侧采用细木工板加防火板的材料组成的木质纹理，如图3-210所示。

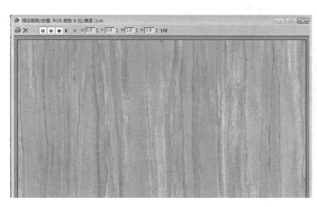

图3-208　石材贴图

　　7．单击【转到父对象】按钮（ 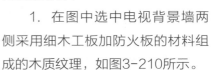 ），回到"基本参数"设置。在"反射"中，将"反射光泽度"设置为"0.98"，"细分"设置为"8"，如图3-209所示。

　　8．参数设置完成后，单击【视口中选中明暗处理材质】按钮（ ），然后单击【将材质指定给选中对象】按钮（ ），将材质附着到选中的电视背景墙中。

图3-210　木质纹理

2. 在"材质编辑器"命令框中，选中一个新的材质球，输入名称为"防火板"，使用VRay标准材质"VRayMtl"，在"基本参数"的"漫反射"中，单击"漫反射"右侧的【M】按钮，如图3-211所示。

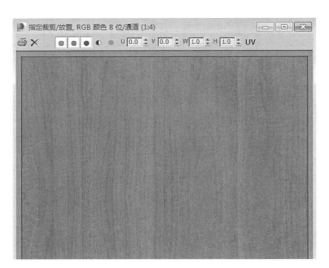

图3-212　木质纹理

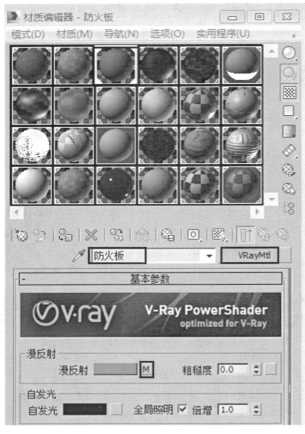

图3-211　防火板材质球

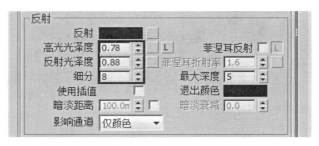

图3-213　反射参数设置

3. 对漫反射进一步设置，在"位图参数"中，单击"位图"右侧的长条按钮，选择跟石材纹理想接近的木质纹理图像，单击【查看图像】，可以对选中的木质纹理图像用红框进行框选，如图3-212所示。

4. 单击【转到父对象】按钮（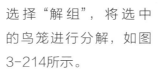），回到"基本参数"设置。在"反射"中，打开"高光光泽度"，并设置为"0.78"，将"反射光泽度"设置为"0.88"，"细分"设置为"8"，如图3-213所示。

5. 参数设置完成后，单击【视口中选中明暗处理材质】按钮（▣），然后单击【将材质指定给选中对象】按钮（▣），将材质附着到选中的电视背景墙两侧中。

3.3.18　金属铁艺材质设置

1. 在图中，选中鸟笼，附着铁艺材质。单击菜单栏中的【组】，选择"解组"，将选中的鸟笼进行分解，如图3-214所示。

2. 在"材质编辑器"命令框中，选中一个新的材质球，输入名称为"铁艺"，单击名称右侧的方块按钮，打开"材质/贴图浏览器"命令框，在"V-Ray"中，选中"VR材质包裹器"，单击【确

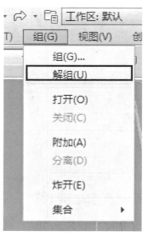

图3-214　鸟笼

定】。在"VR材质包裹器参数"中，单击"基本材质"右侧的长条按钮，如图3-215、图3-216所示。

3. 使用VRay标准材质"VRayMtl"，在"基本参数"的"反射"中，单击"反射"右侧的【M】，如图3-217所示。

4. 对反射进一步设置，单击名称右侧的方块按钮，打开"材质/贴图浏览器"命令框，选中"衰减"，单击【确定】，在"衰减参数"的"前：侧"中单击第二个颜色方块按钮，打开"颜色选择器：颜色2"命令框，将"红"、"绿"、"蓝"分别设置为"145"、"197"、"236"，单击【确定】。将"衰减类型"设置为"垂直/平行"，如图3-218、图3-219所示。

5. 单击【转到父对象】按钮（🔄），回到"基本参数"设置。在"反射"中，打开"高光光泽度"并设置为"0.5"，"反射光泽度"设置为"0.8"，"细分"设置为"8"，如图3-220所示。

6. 单击【转到父对象】按钮（🔄），回到"VR

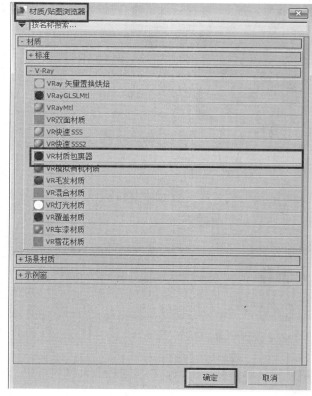

图3-216　VR材质包裹器

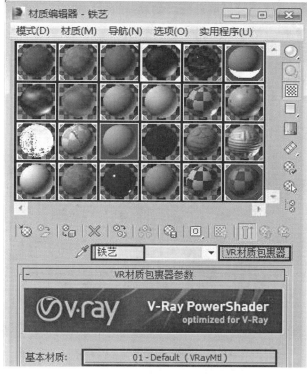

图3-215　铁艺材质球

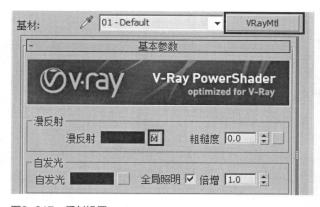

图3-217　反射设置

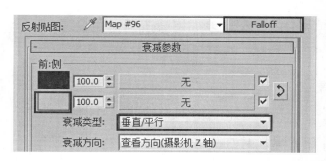

图3-218　衰减参数

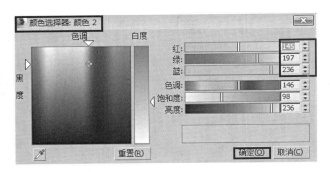

图3-219　颜色2参数设置

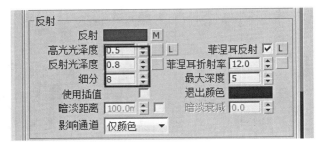

图3-220　反射参数设置

材质包裹器参数"设置，在"附加曲面属性"中，勾选打开"生成全局照明"、"接收全局照明"、"生成焦散"、"接收焦散"，并将"生成全局照明"设置为"0.4"，"接收全局照明"设置为"0.8"，"接收焦散"设置为"1.0"，如图3-221所示。

图3-221　附加曲面属性设置

7. 参数设置完成后，单击【视口中选中明暗处理材质】按钮（图），然后单击【将材质指定给选中对象】按钮（ ），将材质附着到选中的鸟笼中。

3.3.19　塑料电视烤漆按钮材质设置

学习"电视烤漆按钮"的参数设置及材质的附着。

1. 在图中选中电视边框，附着电视烤漆按钮，如图3-222所示。

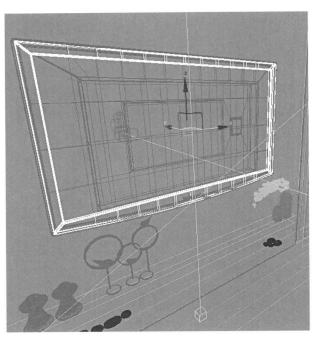

图3-222　电视边框

2. 在"材质编辑器"命令框中，选中一个新的材质球，输入名称为"电视烤漆按钮"，使用VRay标准材质"VRayMtl"。在"参数设置"的"漫反射"中，单击"漫反射"右侧的【M】。

3. 对漫反射进一步设置，在"位图参数"中，单击"位图"右侧的长条按钮，选择电视烤漆按钮贴图，单击【查看图像】，可以看到清晰的图像，如图3-223、图3-224所示。

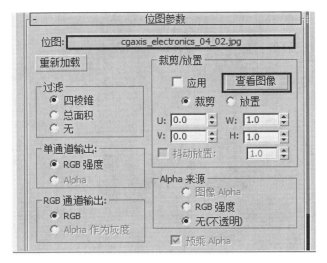

图3-223　位图参数

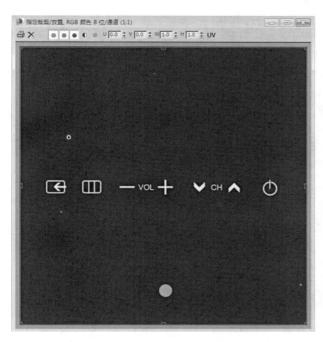

图3-224　电视烤漆按钮图像

4. 设置完成后，单击【视口中选中明暗处理材质】按钮（▧），然后单击【将材质指定给选中对象】按钮（▨），将材质附着到选中的电视边框中。

3.3.20　射灯发光材质设置

学习"射灯"的参数设置及材质的附着。

1. 选中电视上方的射灯，进行附着材质，如图3-225所示。

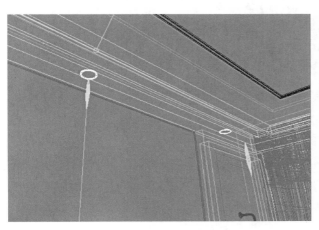

图3-225　射灯

2. 在"材质编辑器"命令框中，选中一个新的材质球，输入名称为"射灯"，单击名称右侧的方块按钮，打开"材质/贴图浏览器"命令框，在"材质"的"标准"中选中"混合"，单击【确定】。在"多维/子对象基本参数"中，单击"ID"的第四个材质按钮，如图3-226、图3-227所示。

3. 单击名称右侧的方块按钮，打开"材质/贴图浏览器"命令框，选择"V-Ray"中的"VR灯光材质"，单击【确定】。将"颜色"调为白色，强度设置为"3.0"（），如图3-228、图3-229所示。

4. 单击【转到父对象】按钮（▨），回到"多维/子对象基本参数"设置，单击"ID"的第五个材质按钮（ 金属（VRayMtl）），如图3-230所示。

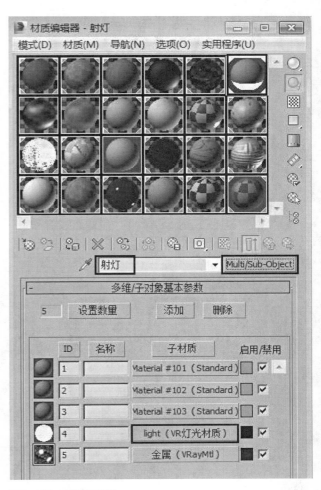

图3-226　射灯材质球

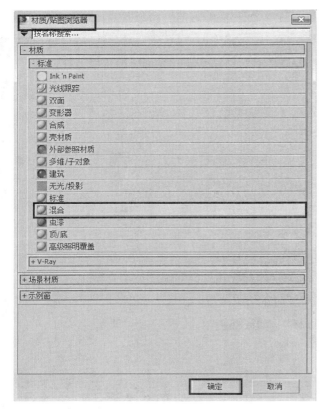

图3-227　混合

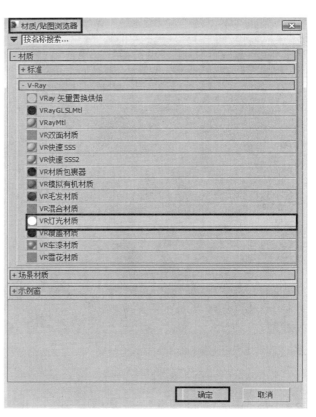

图3-229　VR灯光材质

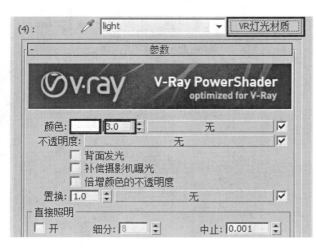

图3-228　VR灯光材质参数设置

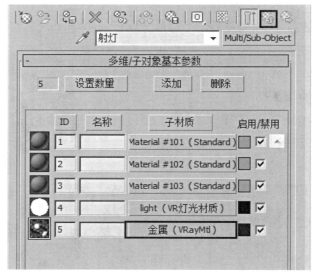

图3-230　第五个材质

5. 使用VRay标准材质"VRayMtl"，单击"反射"右侧的颜色方块按钮，打开"颜色选择器：反射"命令框，将"红"设置为"181"，"绿"设置为"186"，"蓝"设置为"193"，单击【确定】。

打开"高光光泽度"并设置为"0.68"，"反射光泽度"设置为"0.9"，"细分"设置为"8"，如图3-231、图3-232所示。

6. 单击【转到父对象】按钮（），参数设

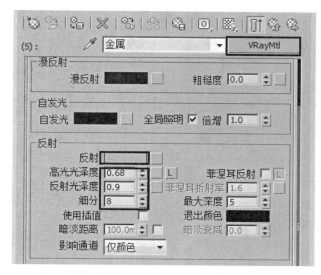

图3-231　反射参数设置

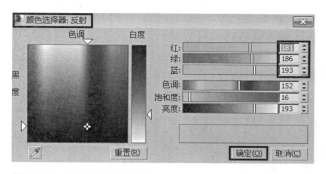

图3-232　反射颜色参数设置

置完成。单击【视口中选中明暗处理材质】按钮（），然后单击【将材质指定给选中对象】按钮（ ），将材质附着到选中的射灯中。

3.3.21　纸质书本材质设置

学习"书本"的参数设置及材质的附着。

1. 在图中选中茶几上的书本，如图3-233所示。

2. 在"材质编辑器"命令框中，选中一个新的材质球，输入名称为"书本"，单击名称右侧的方块按钮，打开"材质/贴图浏览器"命令框，在"材质"的"标准"中选中"混合"，单击【确定】。在"多

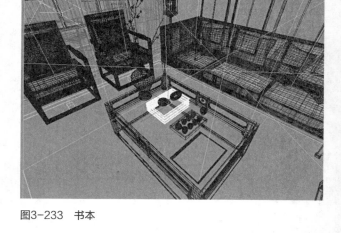

图3-233　书本

维/子对象基本参数"中，单击"ID"的第一个材质按钮，如图3-234、图3-235所示。

3. 在"基本参数"的"漫反射"中，单击"漫反射"右侧的颜色方块按钮，如图3-236所示。

4. 打开"颜色选择器：漫反射"命令框，将

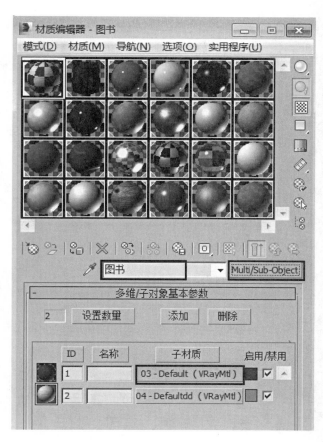

图3-234　图书材质球

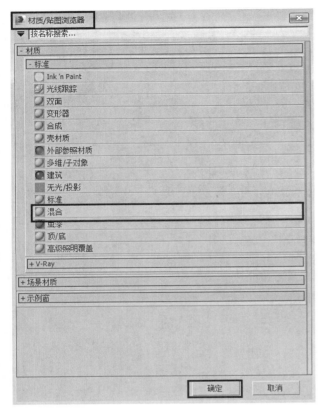

图3-235　混合

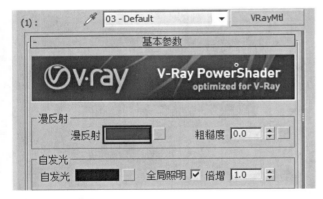

图3-236　漫反射

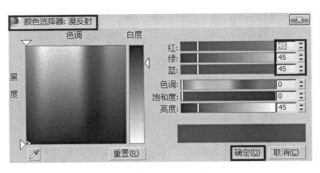

图3-237　漫反射颜色参数设置

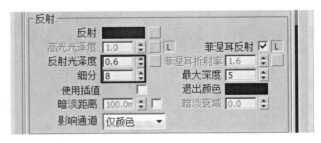

图3-238　反射参数设置

图3-239　第二个材质按钮

"红""绿""蓝"均设置为"45"，单击【确定】，如图3-237所示。

5. 在"反射"中，将"反射光泽度"设置为"0.6"，"细分"设置为"8"，如图3-238所示。

6. 单击【转到父对象】按钮（　），回到"多维/子对象基本参数"设置，单击"ID"的第二个材质按钮（04-Defaultdd（VRayMtl）），如图3-239所示。

7. 在"基本参数"的"漫反射"中，单击"漫反射"右侧的【M】，对漫反射进一步设置。

8. 在"位图参数"中，单击"位图"右侧的长条按钮，选择书本厚度材质位图，单击【查看图像】，可以看到清晰的图像，如图3-240、图3-241所示。

9. 单击两次【转到父对象】按钮（　），回到"多维/子对象基本参数"设置，参数设置完成后，单击【视口中选中明暗处理材质】按钮（　），然后单击【将材质指定给选中对象】按钮（　），将材质附着到选中的书本中。

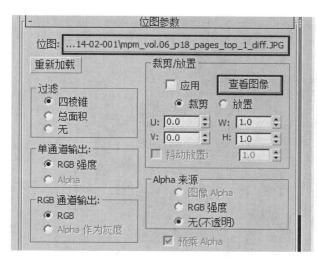

图3-240　位图参数设置

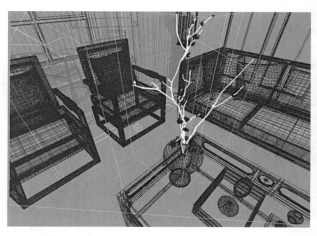

图3-242　插花枝干

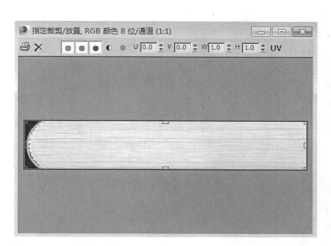

图3-241　书本厚度位图

图3-243　插花枝干材质球

3.3.22　木质插花枝干材质设置

学习"插花枝干"的参数设置及材质的附着。

1. 在图中选中插花的枝干，如图3-242所示。

2. 在"材质编辑器"命令框中，选中一个新的材质球，输入名称为"插花枝干"，使用VRay标准材质"VRayMtl"。在"参数设置"的"漫反射"中，单击"漫反射"右侧的【M】按钮（漫反射 M），如图3-243所示。

3. 单击名称右侧的方块按钮，打开"材质/贴

图浏览器"命令框，在"材质"的"标准"中选中"混合"，单击【确定】。在"混合参数"中，单击"颜色#1"右侧的长条按钮，增加一个贴图（#50 (arch24_wood_02.jpg)），如图3-244所示。

4. 在"位图参数"中，单击"位图"右侧的

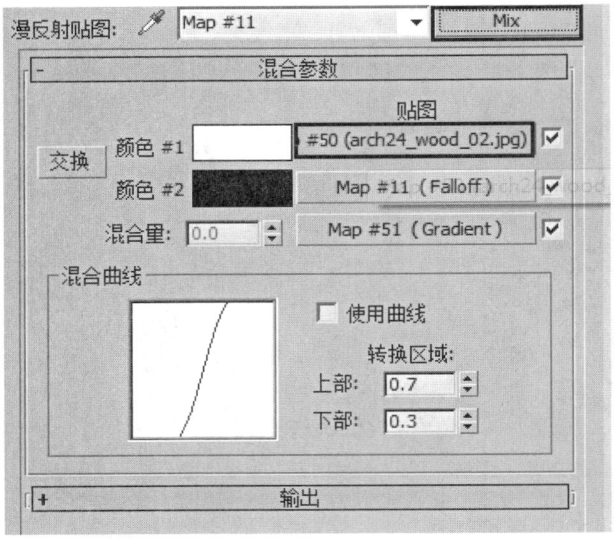

图3-244　混合参数

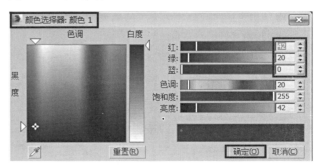

图3-246　颜色#2

长条按钮，选择木头材质位图，单击【查看图像】按钮，查看清晰的位图图像，如图3-245所示。

　　5. 单击【转到父对象】按钮（ ），回到"混合参数"设置，单击"颜色#2"右侧的长条按钮，如图3-246所示。

　　6. 单击名称右侧的方块按钮，打开"材质/贴图浏览器"命令框，选中"衰减"，单击【确定】，在"衰减参数"的"前：侧"中，单击第一个颜色方块按钮，打开"颜色选择器：颜色1"命令框，将"红"设置为"42"，"绿"设置为"20"，"蓝"设置为"0"，单击【确定】。单击第一个长条按钮，如图3-247、图3-248所示。

图3-245　木头材质

图3-247　衰减参数

图3-248　颜色1参数设置

7. 在"位图参数"中，单击"位图"右侧的长条按钮，选择树皮材质位图，单击【查看图像】按钮，查看清晰的位图图像，如图3-249所示。

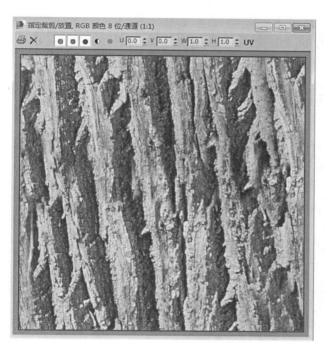

图3-249　树皮材质

8. 单击【转到父对象】按钮（  ），回到"衰减参数"设置。在"前：侧"中，单击第二个颜色方块按钮，打开"颜色选择器：颜色2"命令框，将"红"设置为"69"，"绿"设置为"44"，"蓝"设置为"0"，单击【确定】。将"衰减类型"设置为"Fresnel"，如图3-250、图3-251所示。

9. 在"模式特定参数"中，勾选打开"覆盖材

图3-250　衰减参数设置

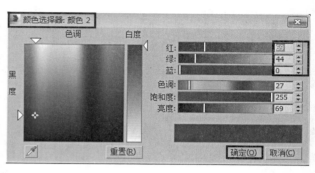

图3-251　颜色2参数设置

质IOR"，将"折射率"设置为"1.6"，如图3-252所示。

10. 将"混合曲线"调整为下滑曲线，如图3-253所示。

11. 单击【转到父对象】按钮（  ），回到"混合参数"设置，单击"混合量"右侧的长条按钮，如图3-254所示。

12. 单击名称右侧的方块按钮，打开"材质/贴图浏览器"命令框（ 材质/贴图浏览器 ），在"材质"

图3-252　模式特定参数设置

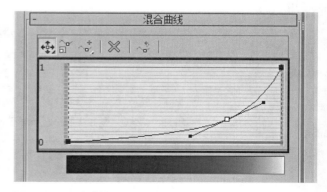

图3-253　混合曲线

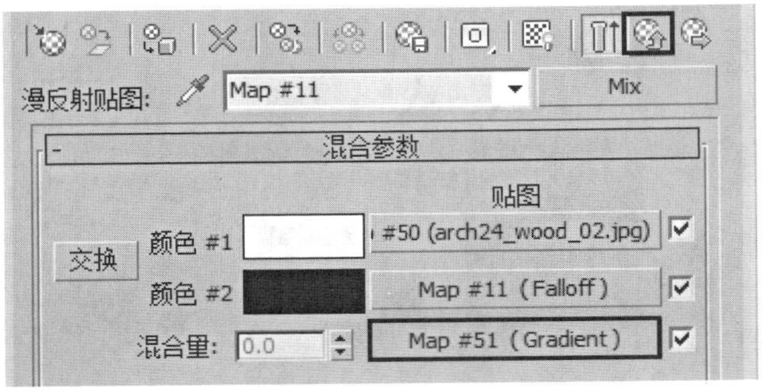

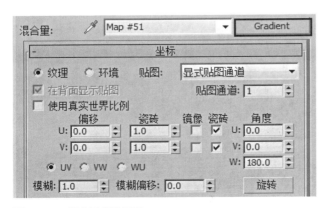

图3-254　混合量右侧长条按钮

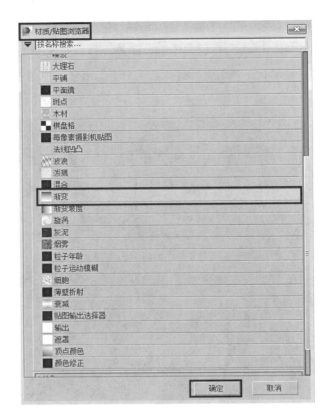

图3-256　渐变

的"标准"中选中"渐变"（▢ 渐变 ），单击【确定】按钮（ 确定 ），如图3-255、图3-256所示。

13. 在"渐变参数"中，将"躁波"的"数量"设置为"0.1"，"大小"设置为"0.2"，如图3-257所示。

14. 单击两次【转到父对象】按钮（ 🌀 ），回到"基本参数"设置。在"反射"中，打开"高光光泽度"并设置为"0.65"，将"反射光泽度"设置为"0.3"，"细分"设置为"8"，"最大深度"设置为"3"，如图3-258所示。

15. 在"贴图"中，将"漫反射"的贴图复制给"凹凸"，鼠标放置在"漫反射"右侧的长条按钮上，单击鼠标【右键】，打开"复制（实例）贴图"命令框（ 复制(实例)贴图 ），点选"复制"（ ⊙ 复制 ），单击【确定】按钮（ 确定 ），将"凹凸"数值设置为"65.0"（ 凹凸 [65.0] ），如图3-259所示。

16. 参数设置完成后，单击【视口中选中明暗

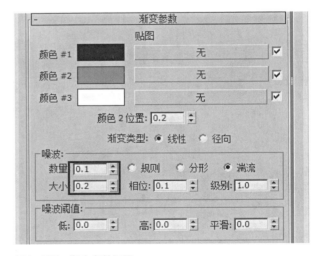

图3-257　渐变参数设置

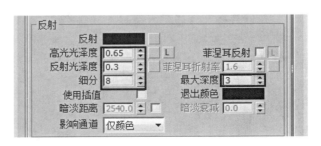

图3-255　混合量参数设置

图3-258　反射参数设置

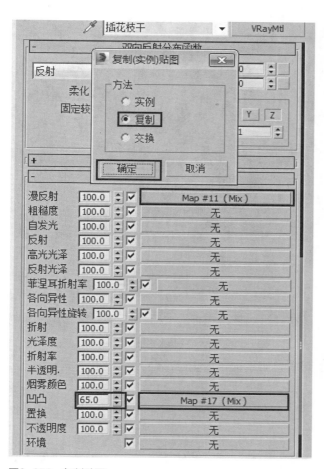

图3-259 复制贴图

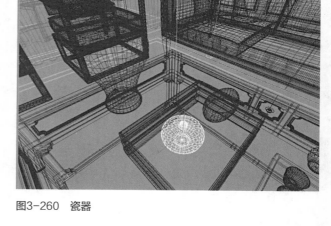

图3-260 瓷器

3. 打开"颜色选择器：漫反射"命令框，将"红"设置为"98"，"绿"设置为"112"，"蓝"设置为"77"，单击【确定】，如图3-262所示。

4. 在"反射"中，单击"反射"右侧的颜色方块按钮，打开"颜色选择器：反射"命令框，将"红""绿""蓝"均设置为"255"，单击【确定】。将"反射光泽度"设置为"0.9"，"细分"设置为"8"，勾选打开"菲涅耳反射"，如图3-263、图3-264所示。

处理材质】按钮（▧），然后单击【将材质指定给选中对象】按钮（▨），将材质附着到选中的插花枝干中。

3.3.23 青瓷材质设置

学习"瓷器"的参数设置及材质的附着。

1. 在图中选中茶几上的瓷器，为其附着为青绿瓷器，如图3-260所示。

2. 在"材质编辑器"命令框中，选中一个新的材质球，输入名称为"青绿瓷器"，使用VRay标准材质"VRayMtl"，在"基本参数"的"漫反射"中，单击"漫反射"右侧的颜色方块按钮，如图3-261所示。

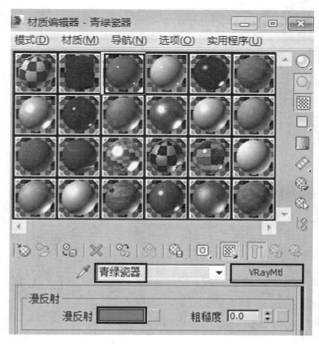

图3-261 青绿瓷器材质球

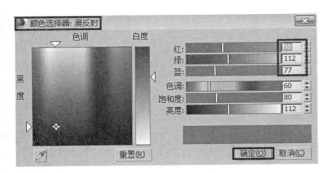

图3-262　漫反射颜色参数设置

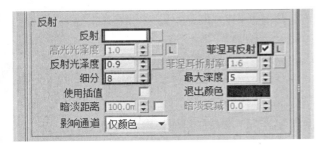

图3-263　反射参数设置

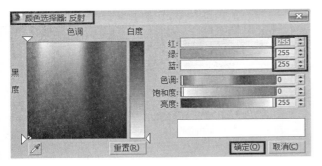

图3-264　反射颜色参数设置

5. 参数设置完成后，单击【视口中选中明暗处理材质】按钮（▨），然后单击【将材质指定给选中对象】按钮（▧），将材质附着到选中的瓷器中。

3.3.24　白瓷材质设置

学习"白瓷"的参数设置及材质的附着。

1. 在图中选中茶几上的其他瓷器，为其附着为白瓷，白瓷的参数设置与青绿瓷器除颜色外基本一致，如图3-265所示。

图3-265　其他瓷器

2. 在"材质编辑器"命令框中，选中一个新的材质球，输入名称为"白瓷"，使用VRay标准材质"VRayMtl"，在"基本参数"的"漫反射"中，单击"漫反射"右侧的颜色方块按钮，如图3-266所示。

3. 打开"颜色选择器：漫反射"命令框，将

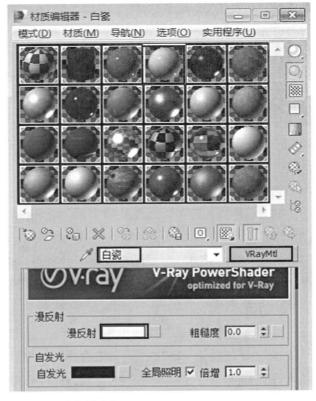

图3-266　白瓷材质球

"红"设置为"224"，"绿"设置为"241"，"蓝"设置为"236"，单击【确定】，如图3-267所示。

4．在"反射"中，将"反射光泽度"设置为"0.9"，"细分"设置为"20"，勾选打开"菲涅耳反射"，如图3-268所示。

5．参数设置完成后，单击【视口中选中明暗处理材质】按钮（ ），然后单击【将材质指定给选中对象】按钮（ ），将材质附着到选中的瓷器中。

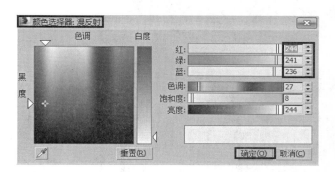

图3-267　白瓷漫反射颜色参数设置

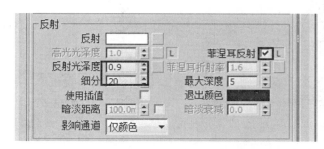

图3-268　反射参数设置

3.3.25　竹制茶托材质设置

学习"茶托"的参数设置及材质的附着。

1．在图中选中茶具的托盘，为其附着黑色木纹材质，如图3-269所示。

2．在"材质编辑器"命令框中，选中一个新的材质球，输入名称为"茶具托盘"，使用VRay标准材质"VRayMtl"，在"基本参数"的"漫反射"中，单击"漫反射"右侧的【M】按钮，如图3-270所示。

图3-269　茶托

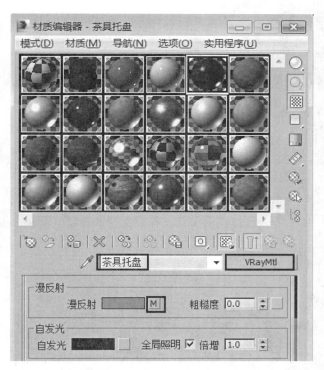

图3-270　茶具托盘材质球

3．在"位图参数"中，单击"位图"右侧的长条按钮，选择合适的贴图，单击【查看图像】按钮（ 查看图像 ），查看清晰的贴图图像，如图3-271所示。

4．单击【转到父对象】按钮（ ），回到"基本参数"设置。在"反射"中，单击"反射"右侧的【M】按钮，对反射进一步设置。

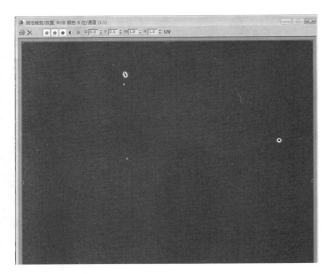

图3-271　贴图图像

5. 单击名称右侧的方块按钮，打开"材质/贴图浏览器"命令框，选中"衰减"，单击【确定】。在"模式特定参数"中，勾选打开"覆盖材质IOR"，将"折射率"设置为"1.6"，如图3-272所示。

6. 单击【转到父对象】按钮（），回到"基本参数"设置。在"反射"中，打开"高光光泽度"，并设置为"0.75"，将"反射光泽度"设置为

"0.85"，"细分"设置为"8"，如图3-273所示。

7. 参数设置完成后，单击【视口中选中明暗处理材质】按钮（），然后单击【将材质指定给选中对象】按钮（），将材质附着到选中的茶托中。

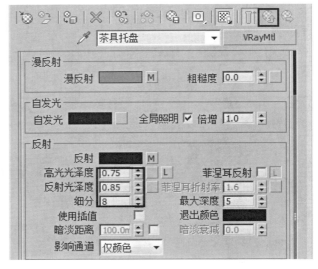

图3-273　反射参数设置

3.3.26　烤漆玻璃材质设置

学习"烤漆茶色玻璃"的参数设置及材质的附着。

1. 在图中，选中沙发背景墙上的挂画的图框，附着茶色烤漆玻璃材质，如图3-274所示。

2. 在"材质编辑器"命令框中，选中一个新的材质球，输入名称为"烤漆茶色玻璃"，使用VRay标准材质"VRayMtl"，在"基本参数"的"漫反射"中，单击"漫反射"右侧的颜色方块按钮，如图3-275所示。

3. 打开"颜色选择器：漫反射"命令框，将"红"设置为"111"，"绿"设置为"108"，"蓝"设置为"102"，单击【确定】，如图3-276所示。

4. 在"反射"中，单击"反射"右侧的颜色方块按钮，打开"颜色选择器：反射"命令框，将反射颜色的"红""绿""蓝"均设置为"33"，单击【确

图3-272　衰减参数设置

图3-274　画框

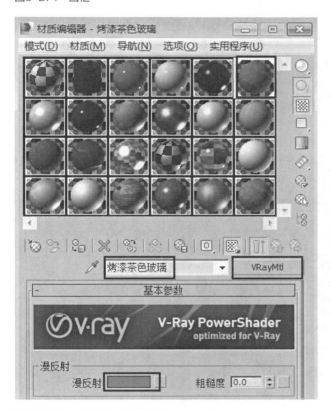

图3-275　烤漆茶色玻璃材质球

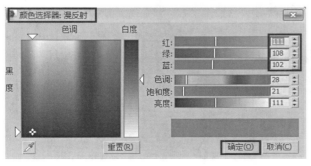

图3-276　漫反射颜色参数设置

定】。将"反射光泽度"设置为"1.0"，"细分"设置为"15"，如图3-277、图3-278所示。

5. 参数设置完成后，单击【视口中选中明暗处理材质】按钮（▣），然后单击【将材质指定给选中对象】按钮（▣），将材质附着到选中的画框中。

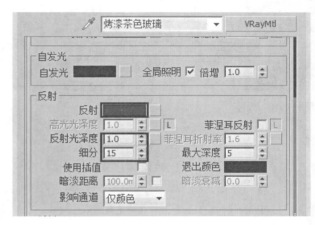

图3-277　反射参数设置

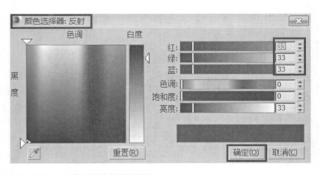

图3-278　反射颜色参数设置

3.3.27　烤漆木材材质设置

学习"白色烤漆木材"的参数设置及材质的附着。

1. 在图中的入户门处，选中鞋柜，附着白色烤漆木材材质，如图3-279所示。

2. 在"材质编辑器"命令框中，选中一个新的材质球，输入名称为"白色烤漆木材"，使用VRay标准材质"VRayMtl"，在"基本参数"的"漫反射"中，单击"漫反射"右侧的颜色方块按钮，如

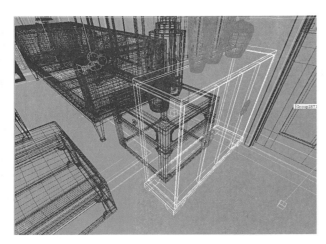

图3-279　鞋柜

图3-280所示。

　　3. 打开"颜色选择器：漫反射"命令框，将"红"、"绿"、"蓝"均设置为"240"，单击【确定】，如图3-281所示。

　　4. 在"反射"中，单击"反射"右侧的【M】按钮，对反射进一步设置。

　　5. 单击名称右侧的方块按钮，打开"材质/贴图浏览器"命令框，选中"衰减"，单击【确定】。在"衰减参数"的"前：侧"中，单击第二个颜色方块按钮，如图3-282、图3-283所示。

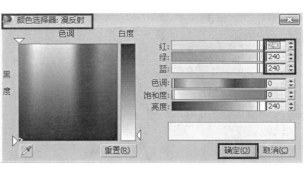

图3-281　漫反射颜色参数设置

图3-282　衰减参数设置

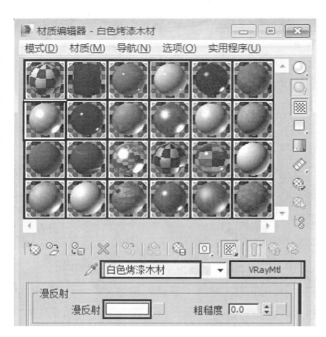

图3-280　白色烤漆木材材质球

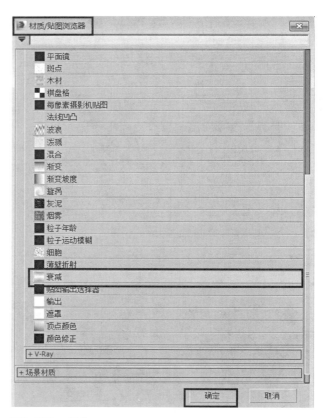

图3-283　衰减

6. 打开"颜色选择器：颜色2"命令框，将"红"、"绿"、"蓝"分别设置为"185"、"226"、"255"，单击【确定】，如图3-284所示。

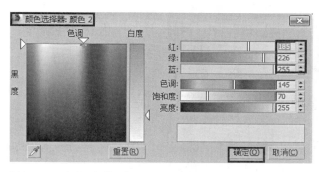

图3-284　颜色2参数设置

7. 在"模式特定参数"中，勾选打开"覆盖材质IOR"，将"折射率"设置为"2.4"，如图3-285所示。

8. 单击【转到父对象】按钮（ ），回到"基本参数"设置。在"反射"中，打开"高光光泽度"并设置为"0.65"，将"反射光泽度"设置为"0.88"，"细分"设置为"16"，如图3-286所示。

9. 参数设置完成后，单击【视口中选中明暗处理材质】按钮（ ），然后单击【将材质指定给选中对象】按钮（ ），将材质附着到选中的鞋柜中。

3.3.28　金属格子材质设置

学习"金属格子"的参数设置及材质的附着。

1. 在图中，选中鞋柜的锁件，如图3-287所示。

2. 在"材质编辑器"命令框中，选中一个新的材质球，输入名称为"金属格子"，使用VRay标准材质"VRayMtl"。在"参数设置"的"漫反射"中，单击"漫反射"右侧的【M】，如图3-288所示。

3. 对漫反射进一步设置。在"位图参数"中，单击"位图"右侧的长条按钮，选择锈铁材质的贴图，单击【查看图像】，可以看到清晰的图像，

图3-285　模式特定参数设置

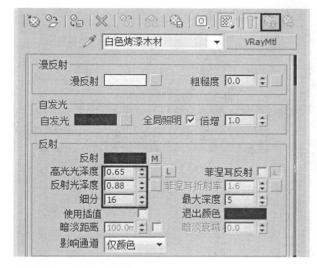

图3-286　反射参数设置

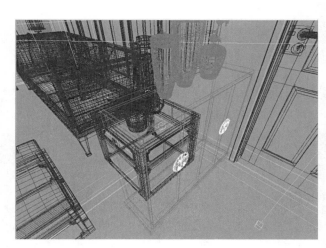

图3-287　锁件

如图3-289所示。

4. 单击【转到父对象】按钮（ ），回到"基本参数"设置。在"反射"中单击"反射"右侧的【M】，对反射进一步设置。

3. 使用VRay标准材质"VRayMtl"，在"基本参数"中，单击"漫反射"右侧的颜色方块按钮，打开"颜色选择器：漫反射"命令框，将"红"设置为"0"，"绿"设置为"54"，"蓝"设置为"72"，单击【确定】，如图3-325、图3-326所示。

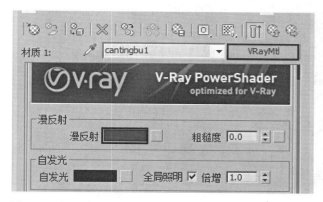

图3-325　漫反射颜色按钮

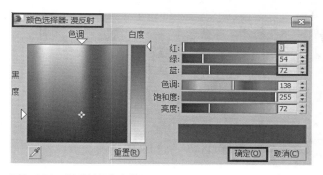

图3-326　漫反射颜色参数设置

4. 在"反射"中，单击"反射"右侧的颜色方块按钮（反射 ▇▇▇），打开"颜色选择器：反射"命令框，将"亮度"设置为"67"（亮度: 72），单击【确定】按钮（确定），如图3-327所示。

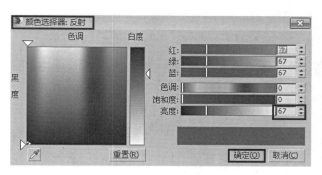

图3-327　反射颜色参数设置

5. 打开"高光光泽度"并设置为"0.7"（高光光泽度 0.7），"反射光泽度"设置为"0.9"（反射光泽度 0.9），"细分"设置为"8"（细分 8），如图3-328所示。

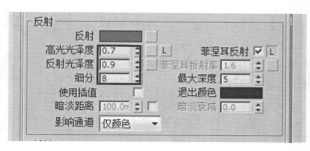

图3-328　反射参数设置

6. 单击【转到父对象】按钮（▨），回到"混合基本参数"设置。单击"材质2"右侧的长条按钮。

7. 在"基本参数"中，参数设置基本与材质1相同，单击"漫反射"右侧的颜色方块按钮，打开"颜色选择器：漫反射"命令框，将"红"设置为"0"，"绿"设置为"54"，"蓝"设置为"72"，单击【确定】。

8. 在"反射"中，单击"反射"右侧的颜色方块按钮，打开"颜色选择器：反射"命令框，将"亮度"设置为"30"，单击【确定】，如图3-329所示。

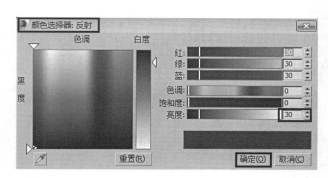

图3-329　反射颜色参数设置

9. 打开"高光光泽度"并设置为"0.6"，"反射光泽度"设置为"0.8"，"细分"设置为"8"，

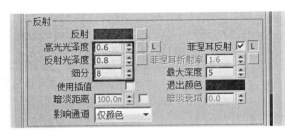

图3-330　反射参数设置

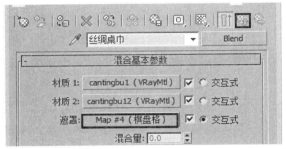

图3-331　遮罩

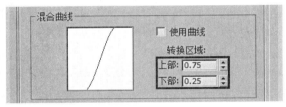

图3-333　混合曲线

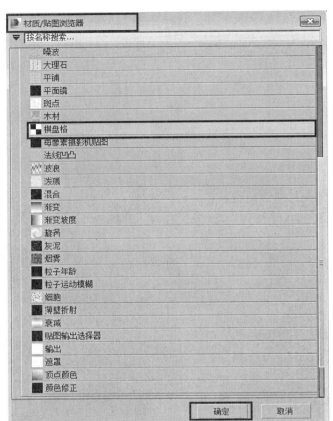

图3-332　棋盘格

如图3-330所示。

10. 单击【转到父对象】按钮（），回到"混合基本参数"设置。单击"遮罩"右侧的长条按钮，如图3-331所示。

11. 在遮罩中，选用棋盘格，单击名称右侧的方块按钮，打开"材质/贴图浏览器"命令框，在"贴图"的"标准"中选择"棋盘格"，单击【确定】，如图3-332所示。

12. 单击【转到父对象】按钮（），回到"混合基本参数"设置。在"混合曲线"中将"上部"数值设置为"0.75"，"下部"数值设置为"0.25"，如图3-333所示。

13. 参数设置完成后，单击【视口中选中明暗处理材质】按钮（），然后单击【将材质指定给选中对象】按钮（），将材质附着到选中的桌巾中。

3.3.35　金属不锈钢材质设置

学习"不锈钢"的参数设置及材质的附着。

1. 在图中选中餐桌上的勺子，为其附着不锈钢材质，如图3-334所示。

2. 在"材质编辑器"命令框中，选中一个新的材质球，输入名称为"不锈钢"，使用VRay标准材质"VRayMtl"，如图3-335所示。

3. 在"反射"中，单击"反射"右侧的颜色方块按钮，打开"颜色选择器：反射"命令框，将"亮度"设置为"180"，单击【确定】，如图3-336所示。

4. 打开"高光光泽度"并设置为"0.65"，将"反射光泽度"设置为"1.0"，"细分"设置为"8"，如图3-337所示。

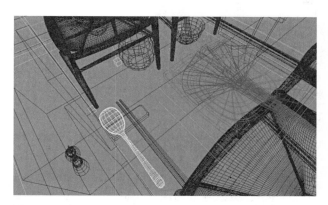

图3-334　勺子

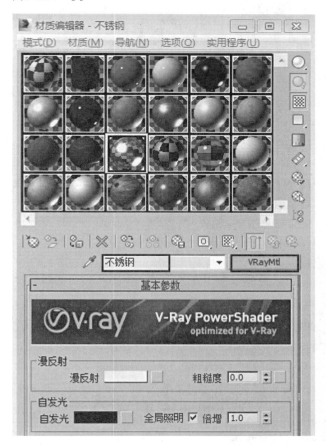

图3-335　不锈钢材质球

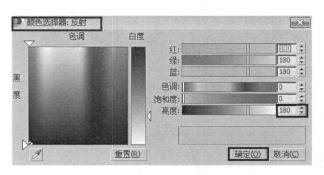

图3-336　反射颜色参数设置

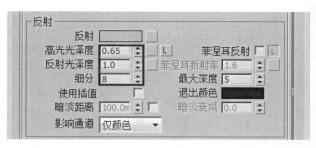

图3-337　反射参数设置

5. 参数设置完成后，单击【视口中选中明暗处理材质】按钮（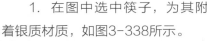），然后单击【将材质指定给选中对象】按钮（），将材质附着到选中的勺子中。

3.3.36　金属银质材质设置

学习"银质筷子"的参数设置及材质的附着。

1. 在图中选中筷子，为其附着银质材质，如图3-338所示。

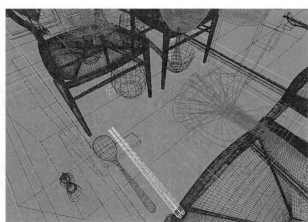

图3-338　筷子

2. 在"材质编辑器"命令框中，选中一个新的材质球，输入名称为"银质筷子"，单击名称右侧的方块按钮，打开"材质/贴图浏览器"命令框，在"材质"的"标准"中选中"混合"，单击【确定】。在"多维/子对象基本参数"中，单击"ID"的第一个材质按钮，如图3-339所示。

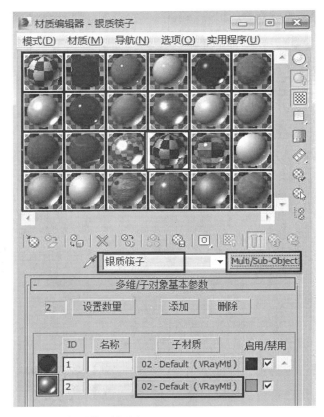

图3-339　银质筷子材质球

3. 在"基本参数"设置中，单击"漫反射"右侧的颜色方块按钮，打开"颜色选择器：漫反射"命令框，将"亮度"设置为"5"，单击【确定】按钮，如图3-340所示。

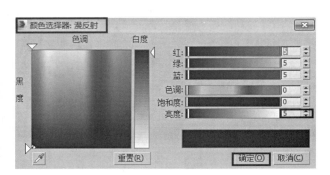

图3-340　漫反射颜色参数设置

4. 单击"反射"右侧的【M】按钮，对反射进一步设置。

5. 单击名称右侧的方块按钮，打开"材质/贴图浏览器"命令框，选中"衰减"，单击【确

定】。在"衰减参数"中，将"衰减类型"设置为"Fresnel"，"衰减方向"设置为"查看方向（摄影机Z轴）"，在"模式特定参数"中，勾选打开"覆盖材质IOR"，"折射率"设置为"1.3"，如图3-341所示。

图3-341　衰减参数设置

6. 单击【转到父对象】按钮（ ），回到"基本参数"设置。在"反射"中，打开"高光光泽度"，并设置为"0.55"，将"反射光泽度"设置为"0.6"，"细分"设置为"8"，如图3-342所示。

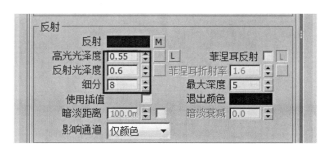

图3-342　反射参数设置

7. 单击【转到父对象】按钮（ ），回到"多维/子对象基本参数"设置，单击"ID"的第二个材质按钮，如图3-343所示。

8. 在"基本参数"的"反射"中，单击"反射"

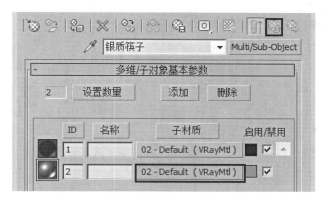

图3-343　第二个材质按钮

右侧的颜色方块按钮，打开"颜色选择器：反射"命令框，将"红""绿""蓝"均设置为"150"，单击【确定】按钮（ 确定(O) ），如图3-344所示。

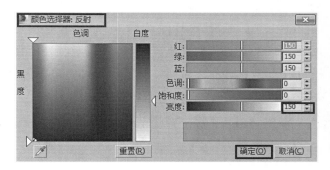

图3-344　反射颜色参数设置

9. 在"反射"中，打开"高光光泽度"，并设置为"0.55"，将"反射光泽度"设置为"0.6"，"细分"设置为"8"，勾选打开"菲涅耳反射"，将"菲涅耳折射率"设置为"0.2"，如图3-345所示。

10. 单击【转到父对象】按钮（ ），回到"多维/子对象基本参数"设置中，检查无误后，单击【视口中选中明暗处理材质】按钮（ ），然后单击

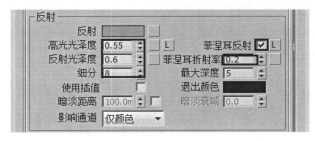

图3-345　反射参数设置

【将材质指定给选中对象】按钮（ 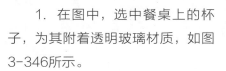 ），将材质附着到选中的筷子中。

3.3.37　玻璃材质设置

学习"玻璃杯"的参数设置及材质的附着。

1. 在图中，选中餐桌上的杯子，为其附着透明玻璃材质，如图3-346所示。

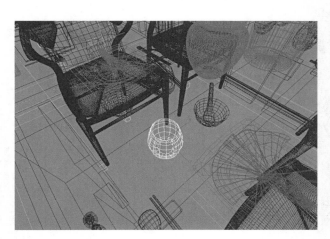

图3-346　杯子

2. 在"材质编辑器"命令框中，选中一个新的材质球，输入名称为"玻璃杯"，使用VRay标准材质"VRayMtl"，玻璃杯材质，只需要修改"基本参数"中的反射参数就可以了，如图3-347所示。

3. 在"反射"中，单击"反射"右侧的颜色方块按钮，打开"颜色选择器：反射"命令框，将"红""绿""蓝"均设置为"30"，单击【确定】按钮。打开"高光光泽度"，并设置为"0.85"，将"反射光泽度"设置为"1.0"，"细分"设置为"8"，如图3-348、图3-349所示。

4. 在"折射"中，单击"折射"右侧的颜色方块按钮，打开"颜色选择器：折射"命令框，将"红""绿""蓝"均设置为"213"，单击【确定】。单击右侧的【M】按钮，如图3-350所示。

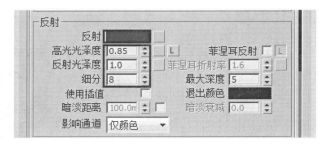

图3-347　玻璃杯材质球

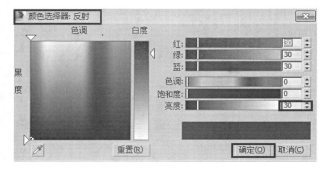

图3-348　反射参数设置

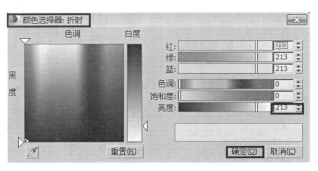

图3-350　折射颜色参数设置

5. 单击名称右侧的方块按钮，打开"材质/贴图浏览器"命令框，选中"衰减"，单击【确定】按钮，在"衰减参数"的"前：侧"中单击第一个颜色方块按钮，打开"颜色选择器：颜色1"命令框，将"红""绿""蓝"均设置为"255"，单击【确定】。单击第二个颜色方块按钮，打开"颜色选择器：颜色2"命令框，将"红""绿""蓝"均设置为"200"，单击【确定】按钮。将"衰减类型"设置为"垂直/平行"，如图3-351～图3-353所示。

6. 单击【转到父对象】按钮（ ），回到"基

图3-351　衰减参数设置

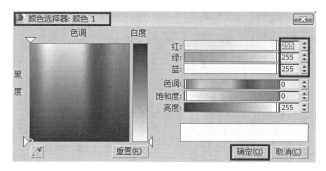

图3-352　颜色1参数设置

图3-349　反射颜色参数设置

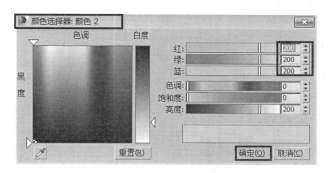

图3-353　颜色2参数设置

本参数"设置中，检查无误后，单击【视口中选中明暗处理材质】按钮（▨），然后单击【将材质指定给选中对象】按钮（▨），将材质附着到选中的杯子中。

3.3.38　棉质餐巾材质设置

学习"餐巾"的参数设置及材质的附着。

1. 在图中选中餐桌上的餐巾，为其附着白色材质，如图3-354所示。

图3-354　餐巾

2. 在"材质编辑器"命令框中，选中一个新的材质球，输入名称为"玻璃杯"，使用VRay标准材质"VRayMtl"，在"基本参数"中，单击"漫反射"

右侧的【M】按钮，如图3-355所示。

3. 单击名称右侧的方块按钮，打开"材质/贴图浏览器"命令框，选中"衰减"，单击【确定】，在"衰减参数"的"前：侧"中单击第一个颜色方块按钮，打开"颜色选择器：颜色1"命令框，将"红"、"绿"、"蓝"分别设置为"126"、"114"、"99"，单击【确定】按钮。单击第一个长条按钮，如图3-356、图3-357所示。

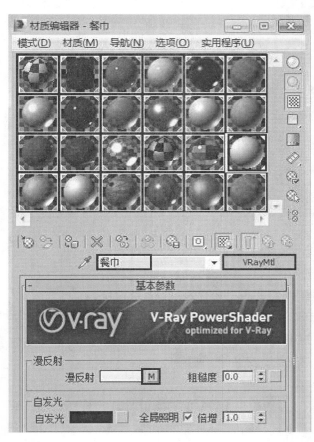

图3-355　餐巾材质球

图3-356　第一个长条按钮

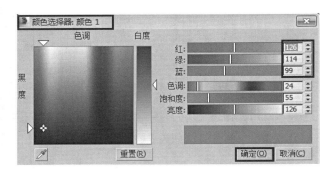

图3-357　颜色1参数设置

4. 在"位图参数"中，单击"位图"右侧的长条按钮，选择毛巾纸质纹理贴图，单击【查看图像】按钮（查看图像），可以看到清晰的图像，如图3-358所示。

图3-358　毛巾纸质纹理贴图

5. 单击【转到父对象】按钮（🔄），回到"衰减参数"设置。单击第二个颜色方块按钮，打开"颜色选择器：颜色2"命令框，将"红"、"绿"、"蓝"分别设置为"161"、"147"、"130"，单击【确定】。复制第一个长条按钮设置的贴图到第二个长条按钮中，将"衰减类型"设置为"Fresnel"，在"模式特定参数"中，勾选打开"覆盖材质IOR"，"折射率"设置为"1.6"，如图3-359、图3-360所示。

6. 单击【转到父对象】按钮（🔄），回到"基本参数"设置。在"反射"中，单击"反射"右侧的颜色方块按钮，打开"颜色选择器：反射"命令

图3-359　衰减参数设置

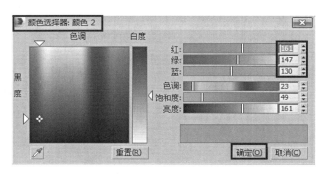

图3-360　颜色2参数设置

框，将"亮度"设置为"50"，单击【确定】按钮。打开"高光光泽度"并设置为"0.4"，"反射光泽度"设置为"0.75"，"细分"设置为"8"，勾选打开"菲涅耳反射"，将"菲涅耳折射率"设置为"2.0"，如图3-361、图3-362所示。

7. 参数设置完成后，单击【视口中选中明暗处理材质】按钮（▨），然后单击【将材质指定给选

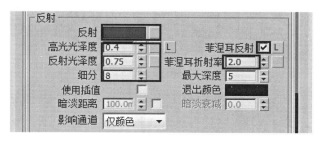

图3-361　反射参数设置

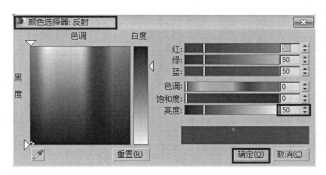

图3-362　反射颜色参数设置

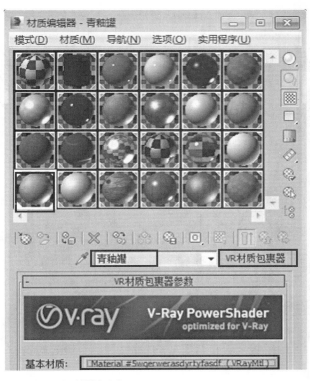

图3-364　青釉罐材质球

中对象】按钮（），将材质附着到选中的餐巾中。

3.3.39　陶器青釉罐材质设置

　　学习"青釉罐"的参数设置及材质的附着。

　　1. 在图中选中餐桌上的小陶罐，为其附着青釉材质，如图3-363所示。

图3-363　陶罐

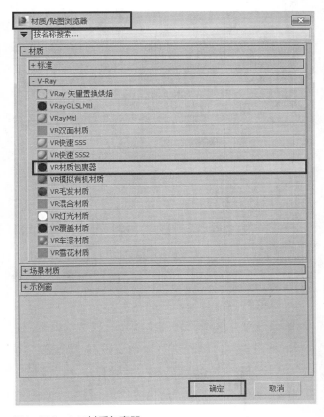

图3-365　VR材质包裹器

　　2. 在"材质编辑器"命令框中，选中一个新的材质球，输入名称为"青釉罐"，单击名称右侧的方块按钮，打开"材质/贴图浏览器"命令框，在"V-Ray"中，选中"VR材质包裹器"，单击【确定】。在"VR材质包裹器参数"中，单击"基本材质"右侧的长条按钮，如图3-364、图3-365所示。

3. 使用VRay标准材质"VRayMtl"，在"基本参数"的"漫反射"中，单击"漫反射"右侧的颜色方块按钮，打开"颜色选择器：漫反射"，将"红"，设置为"124"，"绿"设置为"206"，"蓝"设置为"199"，单击【确定】按钮，如图3-366、图3-367所示。

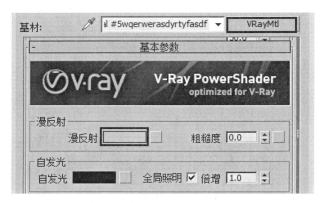

图3-366 漫反射颜色按钮

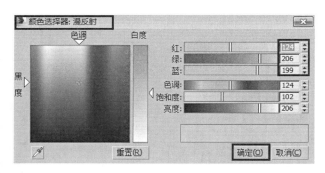

图3-367 漫反射颜色参数设置

4. 在"反射"中，单击"反射"右侧的【M】按钮，对反射进一步设置。

5. 单击名称右侧的方块按钮，打开"材质/贴图浏览器"命令框，选中"衰减"，单击【确定】按钮，将"衰减类型"设置为"垂直/平行"，如图3-368所示。

6. 单击【转到父对象】按钮（ ），回到"基本参数"设置。在"反射"中，打开"高光光泽度"，并设置为"0.55"，将"反射光泽度"设置为"0.99"，"细分"设置为"8"，勾选打开"菲涅耳反射"，将"菲涅耳折射率"设置为"4.5"，如图

图3-368 衰减参数设置

3-369所示。

7. 单击【转到父对象】按钮（ ），回到"VR材质包裹器参数"设置。在"附加曲面属性"中，勾选打开"生产全局照明"、"接收全局照明"、"生成焦散"和"接收焦散"，并将"生产全局照明"设置为"0.75"，"接收全局照明"设置为"2.0"，"接收焦散"设置为"1.0"，如图3-370所示。

8. 参数设置完成后，单击【视口中选中明暗处

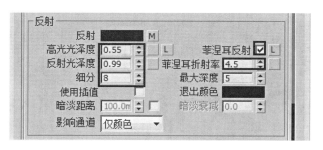

图3-369 反射参数设置

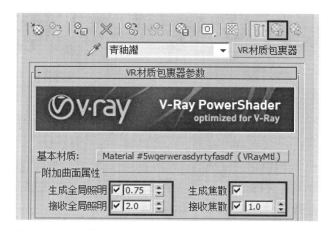

图3-370 VR材质包裹器参数设置

理材质】按钮（），然后单击【将材质指定给选中对象】按钮（　　），将材质附着到选中的小陶罐中。

3.3.40　枝干材质设置

学习"枯枝干"的参数设置及材质的附着。

1. 在图中，选中餐桌上青釉罐里的枯枝干，如图3-371所示。

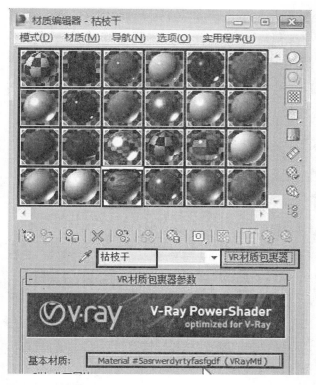

图3-372　枯枝干材质球

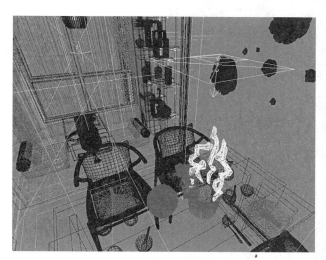

图3-371　枯枝干

2. 在"材质编辑器"命令框中，选中一个新的材质球，输入名称为"枯枝干"，单击名称右侧的方块按钮，打开"材质/贴图浏览器"命令框，在"V-Ray"中，选中"VR材质包裹器"，单击【确定】。在"VR材质包裹器参数"中，单击"基本材质"右侧的长条按钮，如图3-372所示。

3. 使用VRay标准材质"VRayMtl"，在"基本参数"的"漫反射"中，单击"漫反射"右侧的【M】按钮，对漫反射进一步设置。

4. 在"位图参数"中，单击"位图"右侧的长条按钮，选择具有年轮的木头位图，单击【查看图像】按钮，查看清晰的位图图像，如图3-373所示。

5. 单击【转到父对象】按钮（　　），回到"基本参数"设置。在"反射"中，单击"反射"右侧

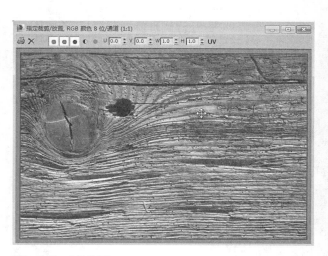

图3-373　木头位图

的【M】按钮，对反射进一步设置。

6. 单击名称右侧的方块按钮，打开"材质/贴图浏览器"命令框，选中"衰减"，单击【确定】按钮，在"衰减参数"的"前：侧"中，将"衰减类型"设置为"垂直/平行"，如图3-374所示。

7. 单击【转到父对象】按钮（　　），回到"基本参数"设置。在"反射"中，打开"高光光泽度"

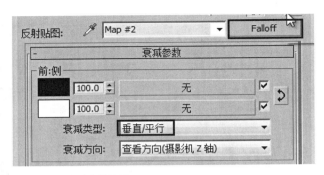

图3-374　衰减参数设置

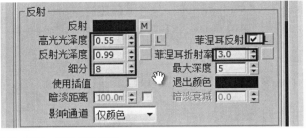

图3-375　反射参数设置

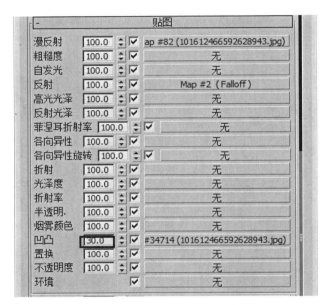

图3-376　贴图设置

并设置为"0.55"，"反射光泽度"设置为"0.99"，"细分"设置为"8"，勾选打开"菲涅耳反射"，将"菲涅耳折射率"设置为"3.0"，如图3-375所示。

8. 在"贴图"中，单击"凹凸"右侧的长条按钮，为其增加一张贴图。在"位图参数"中，单击"位图"右侧的长条按钮，选择与漫反射同样具有年轮的木头位图，单击【查看图像】按钮，查看清晰的位图图像。

9. 单击【转到父对象】按钮（⬡），回到"基本参数"设置。在"贴图"中，将"凹凸"值设置为"30.0"，如图3-376所示。

10. 参数设置完成后，单击【视口中选中明暗处理材质】按钮（⬡），然后单击【将材质指定给选中对象】按钮（⬡），将材质附着到选中的枯枝干中。

3.3.41　硅藻泥墙面漆材质设置

学习"硅藻泥墙面漆"的参数设置及材质的附着。

1. 将鼠标放置在图形界面的左上角的"线框"上，单击鼠标【右键】，选择"真实"，如图3-377所示。

2. 在真实下，选中墙面，为其附着硅藻泥材质，如图3-378所示。

3. 将鼠标放置在图形界面的左上角的"真实+边面"上，单击鼠标【右键】，选择"线框"，如图3-379所示。

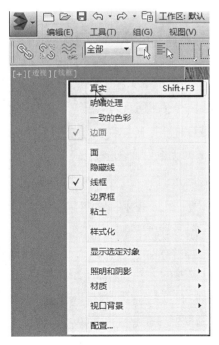

图3-377　真实

图3-409　发光图

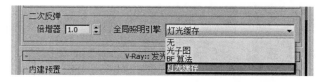

图3-410　灯光缓存

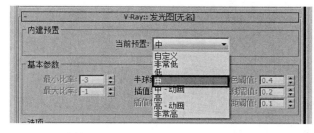

图3-411　当前预置

倍增器"设置为"1.0"；在"系统"的"光线计算参数"中，将"最大树形深度"设置为"80"，"最小叶片尺寸"设置为"0.0mm"；在"渲染区域分割"中，将"区域排序"选择为"三角剖分"，如图3-413、图3-414所示。

10．在"VRay日志"中，取消勾选"显示窗口"，如图3-415所示。

11．设置完成后，关闭"渲染设置：V-Ray ADV 2.40.03"命令框。单击鼠标【右键】，选择"摄影机"中的"Camera001"，如图3-416所示。

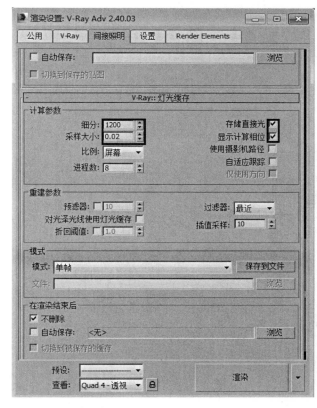

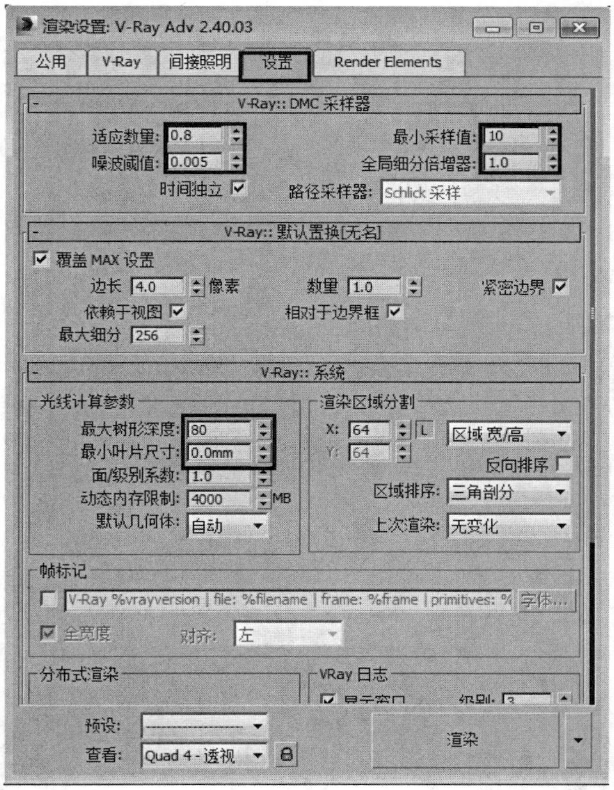

图3-412　灯光缓存

图3-413　设置

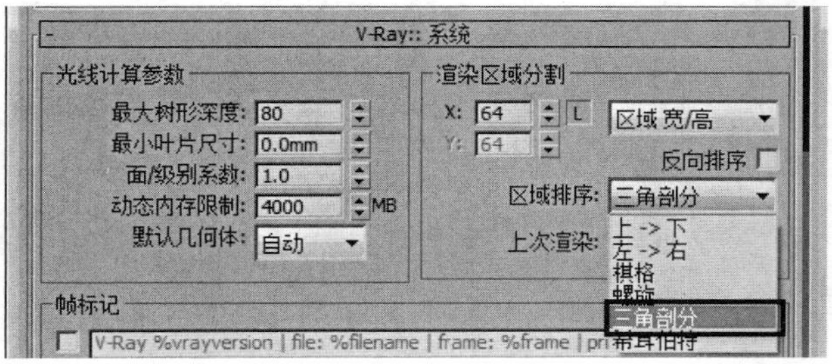

图3-414　区域排序

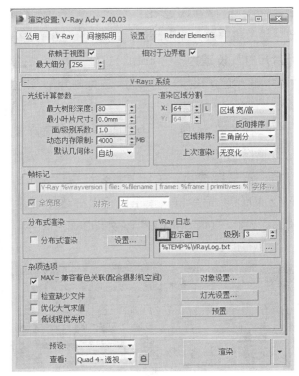

图3-415　VRay日志

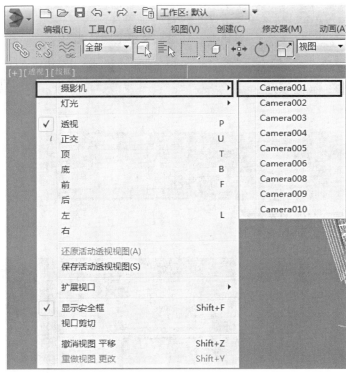

图3-416　Camera001

可以看到Camera001摄影机下的视图，如图3-417所示。

12. 单击界面右下方的【最大比视口切换】按钮（　），回到界面中，可以看到"顶视图""左视图""俯视图""透视图"，如图3-418所示。

13. 渲染效果图（图3-419）。

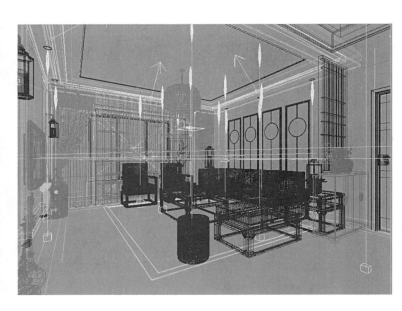

图3-417　Camera001视图

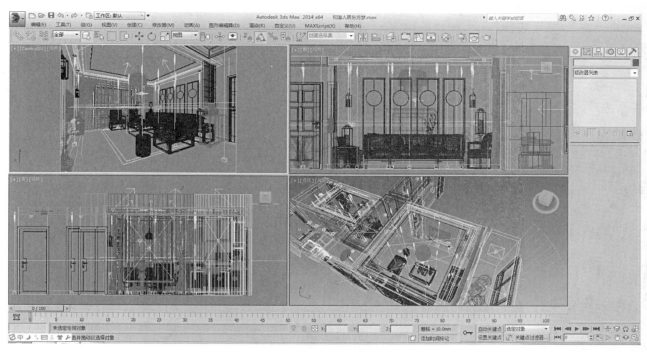

图3-418　界面

图3-419　最终效果图

04

3ds Max in the European Caesar Design Style

第4章

3ds Max在欧式凯撒设计风格中的应用

4.1　夜晚室内灯光布局思路与应用

接下来，研究夜晚古香古色欧式风格的场景制作，如图4-1所示。

选中"顶视图"，单击界面右下方的【最大比视口切换】按钮（ ），将"顶视图"最大化，可以看到从左到右依次是厨房、餐厅、客厅、阳台，如图4-2所示。

阳台的主光源主要以冷光源为主，在阳台和客厅推拉门位置，采用VRay补光。

客厅吊顶位置，主要以几个暖色的射灯，在中央位置的吊灯，设置为向下俯视的补光光源。

餐厅和客厅的光源布置是一致的，但是入门玄关采用的是由吊顶向下俯视较大的补光光源，因为面积较大，所以光源不需太亮，可以将倍增值调低一些。

北面厨房的光源采用比较小的补光光源就可以了。

按照从南到北，光源由亮到弱的对比，来进行光线的调节。

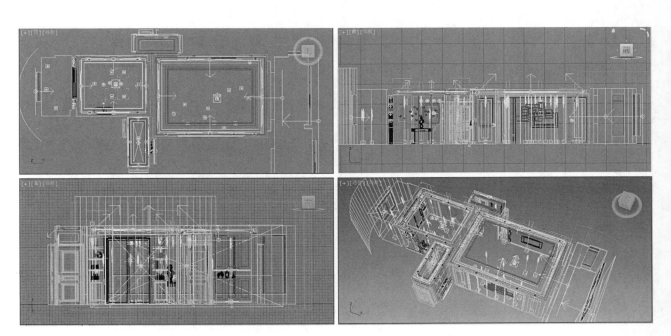

图4-1　夜晚场景空间

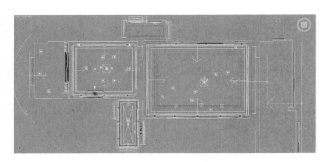

图4-2　灯光布置图

4.1.1　主光源VRay灯光的参数设置

1. 在图中，选中阳台的主光源，选用VRay灯光，如图4-3所示。

2. 在"修改命令面板"的"参数"中，将"倍增器"值调低一些，因为夜晚的光线主要以夜光或室外人造灯光为主，将"倍增器"值设置为"0.8"，单击"颜色"方块按钮，如图

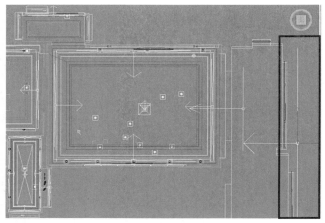

图4-3　阳台主光源安放位置

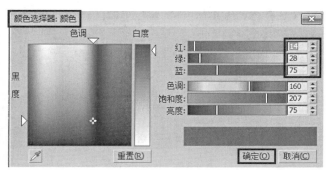

图4-5　颜色参数设置

4-4所示。

3. 打开"颜色选择器：颜色"命令框，将"红"设置为"14"，"绿"设置为"28"，"蓝"设置为"75"，单击【确定】，如图4-5所示。

4. 将"大小"设置为"3200"到"1400"之间，在"选项"中，勾选打开"不可见"，如图4-6所示。

4.1.2　推拉门辅助光源VRay灯光的参数设置

1. 在图中，选中阳台和客厅推拉门位置的补光光源，如图4-7所示。

2. 在"修改命令面板"的"参数"中，将"倍增器"值设置为"0.1"，单击"颜色"方块按钮，如图4-8所示。

3. 打开"颜色选择器：颜色"命令框，将"红"设置为"164"，"绿"设置为"205"，"蓝"设置为"255"，单击【确定】按钮，如图4-9所示。

图4-4　倍增器值设置

图4-6　大小设置

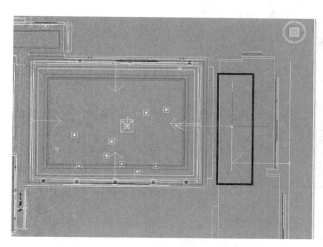

图4-7　推拉门位置补光光源安放位置

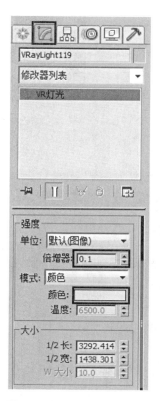

图4-8　倍增器值设置

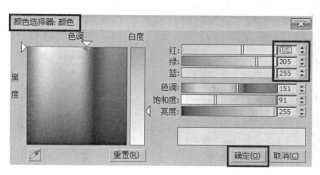

图4-9　颜色参数设置

4.1.3　客厅吊顶灯槽光源 VRay灯光的参数设置

1. 在图中，选中客厅吊顶四面的射灯，选用暖色调，因为面积比较小，所以将"倍增器"值调大，如图4-10所示。

2. 在"修改命令面板"的"参数"中，将"倍增器"值设置为"4.0"，单击"颜色"方块按钮，如图4-11所示。

3. 打开"颜色选择器：颜色"命令框，将"红"设置为"255"，"绿"设置为"171"，"蓝"设置为"96"，单击【确定】按钮，如图4-12所示。

图4-11　参数设置

4.1.4　客厅中央吊灯光源灯光参数设置

1. 在图中，选中客厅中央的吊灯，如图4-13所示。

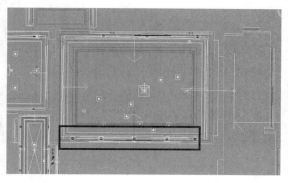

图4-10　射灯

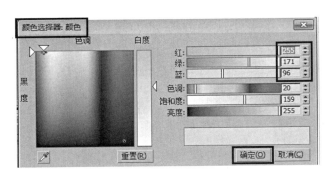

图4-12　颜色参数设置

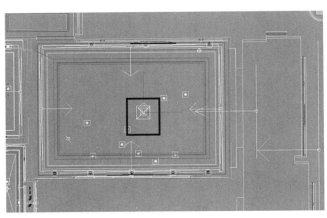

图4-13　客厅吊灯安放位置

2. 采用从上往下的VRay补光，在"修改命令面板"的"参数"中，将"倍增器"值设置为"20.0"，单击"颜色"方块按钮，如图4-14所示。

3. 打开"颜色选择器：颜色"命令框，将"红"设置为"255"，"绿"设置为"194"，"蓝"设置为"144"，单击【确定】，如图4-15所示。

4.1.5　客厅补光光源灯光的参数设置

1. 在比较暗的位置可以添加一个小的补光，在图中，选中位于两个沙发角位置的小补光，如图4-16所示。

2. 在"修改命令面板"的"参数"中，将"倍增器"值设置为"15.0"，单击"颜色"方块按钮，如图4-17所示。

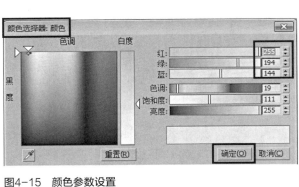

图4-15　颜色参数设置

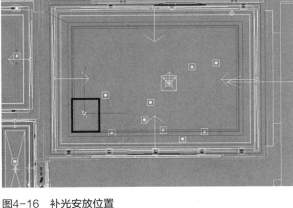

图4-14　灯光参数设置　　　　　图4-16　补光安放位置　　　　　图4-17　参数设置

3. 打开"颜色选择器：颜色"命令框，将颜色调为黄白色的暖色色调，"红"设置为"255"，"绿"设置为"224"，"蓝"设置为"190"，单击【确定】，如图4-18所示。

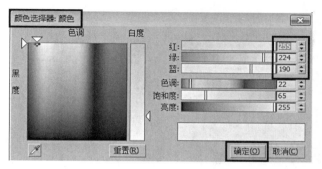

图4-18　颜色参数设置

4.1.6　客厅目标光源灯光的参数设置

1. 在客厅的个别位置可以添加一些目标灯光，如图4-19所示。

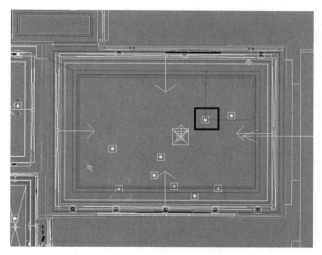

图4-19　目标灯光安放位置

2. 在"修改命令面板"的"常规参数"的"灯光属性"中，勾选打开"启用"和"目标"，在"阴影"中，勾选打开"启用"，选择"颜色贴图"，将"灯光分布（类型）"设置为"光学度Web"，如图4-20所示。

图4-20　常规参数设置

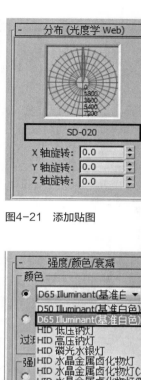

图4-21　添加贴图

图4-22　颜色选择

3. 在"分布（光学度Web）"中，单击长条按钮，增加一个"SD-020"贴图，如图4-21所示。

4. 在"强度/颜色/衰减"中，将"颜色"设置为"D65 Illuminant（基准白色）"，如图4-22所示。

5. 在"强度"中，点选"cd"，并设置为"14000.0"，将"远距衰减"中的"开始"设置为"80.0"，"结束"设置为"200.0"，如图4-23所示。

图4-23　参数设置

4.1.7　落地灯光源灯光的参数设置

1. 在图中，选中客厅中的落地灯，如图4-24所示。

2. 采用VRay光源进行处理，在"修改命令面板"的"参数"中，将"常规"中的"类型"设置为"球体"，如图4-25所示。

3. 勾选打开"启用视口着色"，"目标距离"设置为"200.0"，因为面积比较小，所以将"强度"中的"倍增器"值设置为"140.0"，单击"颜色"方块按钮，如图4-26所示。

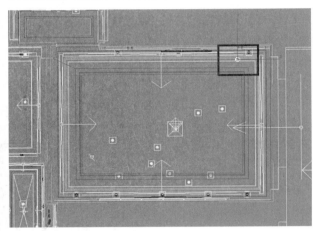

图4-24　客厅落地灯光安放位置

4. 打开"颜色选择器：颜色"命令框，将颜色调至近乎为白色，"红"设置为"255"，"绿"设置为"253"，"蓝"设置为"250"，单击【确定】，如图4-27所示。

餐厅的灯光整体布局仿照客厅是一致的。

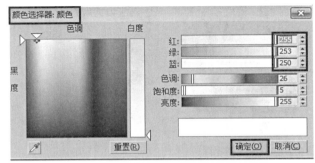

图4-27　颜色参数设置

4.1.8　餐厅灯槽灯光的参数设置

1. 在图中，选中餐厅的光源，如图4-28所示。

2. 采用VR灯光，在"修改命令面板"的"参数"中，将"强度"中的"倍增器"值设置为"5.0"，单击"颜色"方块按钮，如图4-29所示。

3. 打开"颜色选择器：颜色"命令框，将"红"设置为"255"，"绿"设置为"171"，"蓝"设置为"96"，单击【确定】，如图4-30所示。

4. 在图中，选中餐厅吊顶中央的吊灯，如图4-31所示。

图4-25　球体类型

图4-26　参数设置

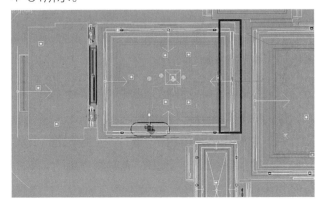

图4-28　餐厅光源安放位置

图4-29　参数设置

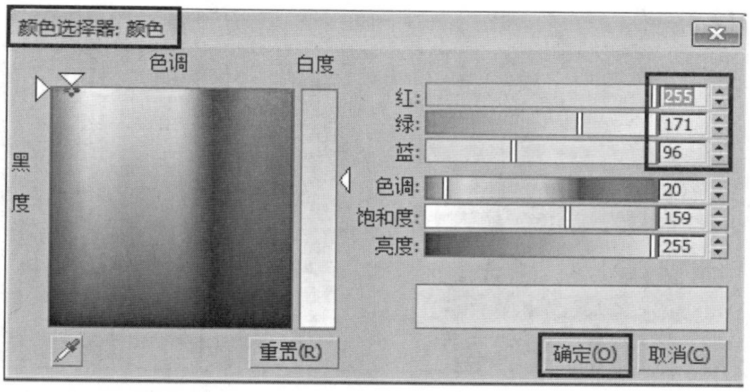

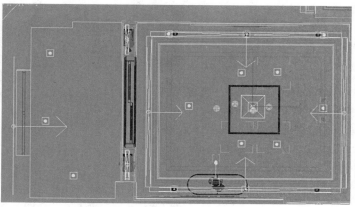

图4-30　颜色参数设置

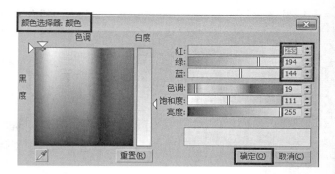

图4-31　餐厅吊灯安放位置

图4-32　参数设置

5. 在"修改命令面板"的"参数"中，将"强度"中的"倍增器"值设置为"20.0"，单击"颜色"方块按钮，"大小"为一个"200×200"的平面，如图4-32所示。

6. 打开"颜色选择器：颜色"命令框，将"红"设置为"255"，"绿"设置为"194"，"蓝"设置为"144"，单击【确定】，如图4-33所示。

4.1.9　餐厅目标灯光的参数设置

1. 针对餐厅吊顶中的一组吊灯，在图中选中，如图4-34所示。

2. 采用VR灯光，在"修改命令面板"的"参数"中，将"常规"中的"类型"设置为"球体"，"强度"中的"倍增器"值设置为"18.0"，单击"颜色"方块按钮，"大小"

图4-33　颜色参数设置

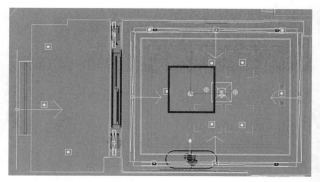

图4-34　吊灯灯光安放位置

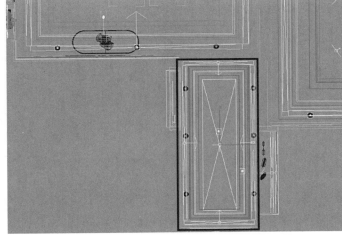

图4-36　颜色参数设置

图4-35　参数设置　　　　图4-37　入户门玄关灯光安放位置　　　　图4-38　参数设置

中的"半径"设置为"50"，如图4-35所示。

3. 打开"颜色选择器：颜色"命令框，将颜色调至接近于白色，"红"设置为"255"，"绿"设置为"228"，"蓝"设置为"186"，单击【确定】，如图4-36所示。

4.1.10　入户门玄关灯光的参数设置

1. 入户门玄关位置采用VRay平面的补灯，在图中选中，如图4-37所示。

2. 采用VR灯光，在"修改命令面板"的"参数"中，将"强度"中的"倍增器"值设置为"0.8"，因为面积比较大。将"颜色"设置为

"白色"，"大小"约为"250×1000"，如图4-38所示。

4.1.11　入户鞋柜射灯灯光的参数设置

1. 在入户位置的鞋柜处，做了一个精致的类似吊顶的射灯，在图中选中，如图4-39所示。

2. 采用VR灯光，在"修改命令面板"的"参数"中，将"强度"中的"倍增器"值设置为"40.0"，单击"颜色"方块按钮，如图4-40所示。

3. 打开"颜色选择器：颜色"命令框，将"红"设置为"255"，"绿"设置为"176"，"蓝"设置为"105"，单击【确定】，如图4-41所示。

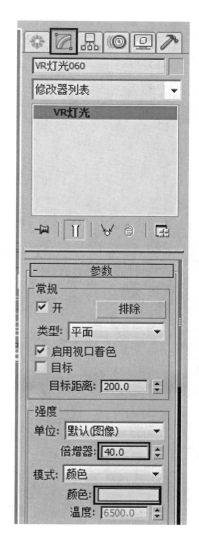

图4-39　鞋柜射灯安放位置

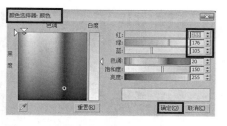

图4-41　颜色参数设置

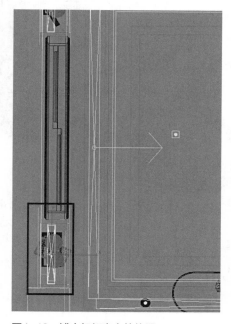

图4-42　博古架灯光安放位置

图4-43　参数设置

图4-40　参数设置

4.1.12　博古架射灯灯光的参数设置

1. 在图中，选中推拉门旁博古架处的灯光，如图4-42所示。

2. 采用VR灯光，在"修改命令面板"的"参数"中，将"常规"中的"目标距离"设置为"200.0"，"强度"中的"倍增器"值设置为"16.0"，单击"颜色"方块按钮，如图4-43所示。

3. 打开"颜色选择器：颜色"命令框，将"红"设置为"255"，"绿"设置为"176"，"蓝"设置为"112"，单击【确定】，如图4-44所示。

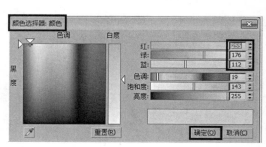

图4-44　颜色参数设置

4.1.13　北侧窗户光源灯光的参数设置

1. 在图中选中厨房北窗户的光源，如图4-45所示。

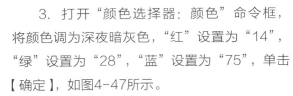

2. 采用VR灯光，在"修改命令面板"的"参数"中，将"常规"中的"目标距离"设置为"200.0"，"强度"中的"倍增器"值设置为"0.5"，单击"颜色"方块按钮，如图4-46所示。

3. 打开"颜色选择器：颜色"命令框，将颜色调为深夜暗灰色，"红"设置为"14"，"绿"设置为"28"，"蓝"设置为"75"，单击【确定】，如图4-47所示。

这就是整个从平面图中看到的布光体系。

单击界面右下方的【最大比视口切换】按钮（　），回到界面，选中"透视图"，单击界面右下方的【最大比视口切换】按钮（　），将"透视图"最大化进行观察布光思路。

从"透视图"中看，与平面图是一致的，如图4-48所示。

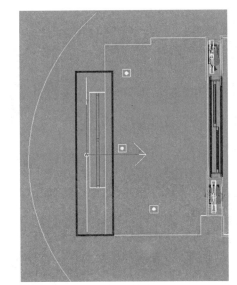

图4-45　厨房北窗户光源

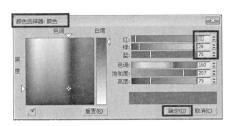

图4-47　颜色参数设置

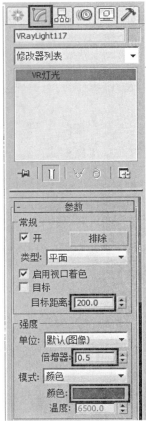

图4-46　参数设置

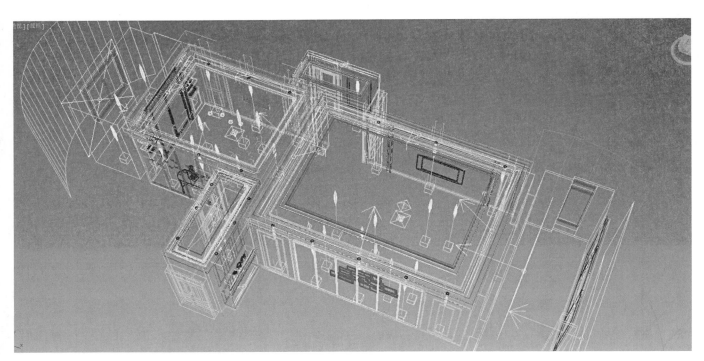

图4-48　透视图布光

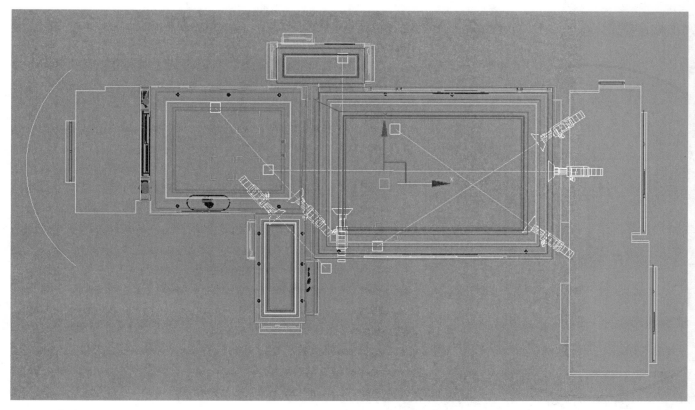

图4-49　摄像机视角

吊灯的效果是从顶到底，射灯向天花板透射，入户门底面的吊灯是向下透射的。

这样，布光思路就讲到这里。

4.2　摄像机位置与视角设置方法

下面，学习摄像机视角的设置，如图4-49所示。

1. 选中客厅位置的摄像机，打一个主光源，从客厅的一端到餐厅位置，如图4-50所示。

2. 在右侧"修改命令面板"的"参数"中，将"镜头"设置为"20.0"，"视野"设置为"83"或"84"，如图4-51所示。

3. 将"目标距离"设置为"7400"左右，如图4-52所示。

4. 单击界面右下方的【最大比视口切换】按钮（□），回到界面，选中"Carema013"图，单击

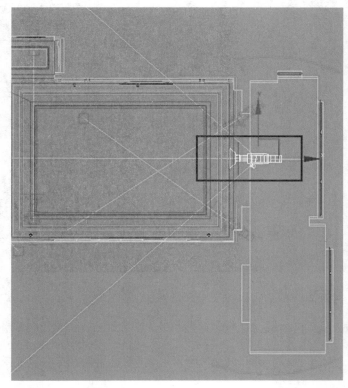

图4-50　摄像机安放位置

图4-52　目标距离

图4-51　镜头参数设置

界面右下方的【最大比视口切换】按钮（🔲），将"Carema013"图最大化，可以看到摄像出来的效果，如图4-53所示。

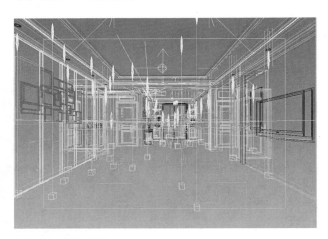

图4-53　摄像效果

5. 在"菜单栏"中，将"C-摄影机"选择为"L-灯光"，如图4-54所示。

图4-54　L-灯光

6. 在图中，框选选中所有的灯光，如图4-55所示。

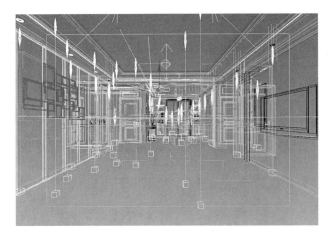

图4-55　选中灯光

7. 单击鼠标【右键】，选择"隐藏选定对象"，将框选选中的灯光全部隐藏，如图4-56、图4-57所示。

图4-56　隐藏选定对象

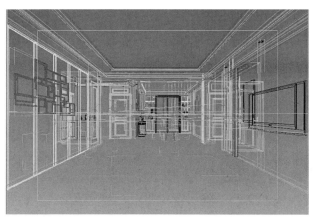

图4-57　隐藏灯光

8. 在"菜单栏"中，将"L-灯光"选择为"C-摄影机"；框选选中图中的摄像机镜头，单击鼠标【右键】，选择"隐藏选定对象"，将框选选中的摄像机隐藏起来。

这样，可以看到整个进深效果，如图4-58所示。

1. 单击界面右下方的【最大比视口切换】按钮（　），回到界面，选中"顶视图"，单击界面右下方的【最大比视口切换】按钮（　），将"顶视图"最大化。

2. 在客厅的一角打一个摄像机，打到沙发背景墙的位置，如图4-59所示。

3. 在"修改命令面板"的"参数"中，"镜头"和"视野"的设置不变，将"目标距离"设置为"5200"左右，如图4-60所示。

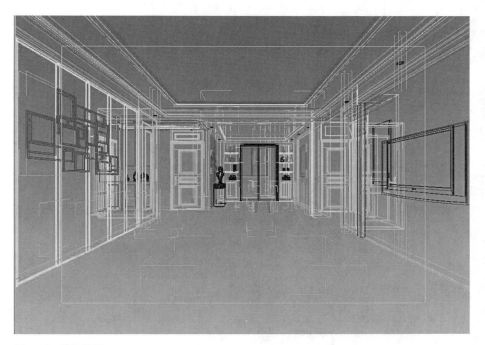

图4-58　进深效果

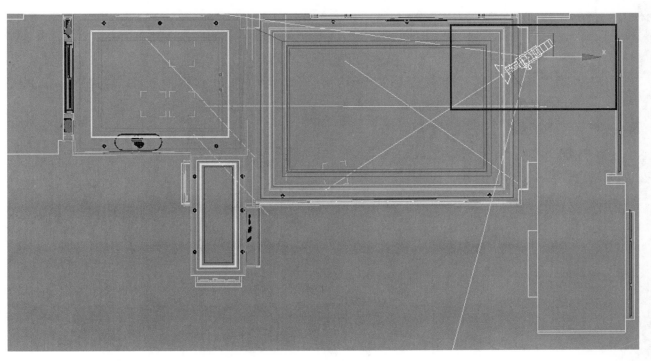

图4-59　沙发背景墙摄像机

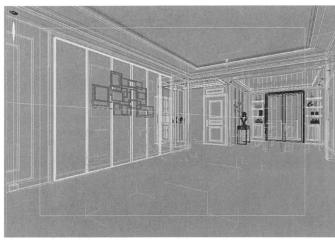

图4-61　摄像效果

图4-60　目标距离设置

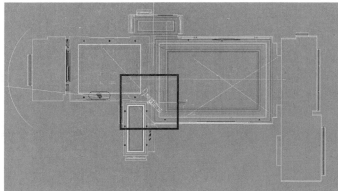

图4-62　餐厅摄像机

图4-63　目标距离

　　4. 单击界面右下方的【最大比视口切换】按钮（　），回到界面，选中"Carema004"图，单击界面右下方的【最大比视口切换】按钮（　），将"Carema004"图最大化，可以看到摄像效果，如图4-61所示。

　　1. 单击界面右下方的【最大比视口切换】按钮（　），回到界面，选中"顶视图"，单击界面右下方的【最大比视口切换】按钮（　），将"顶视图"最大化。

　　2. 对餐厅可以进行一个摄像机镜头聚焦场景，如图4-62所示。

　　3. 在"修改命令面板"的"参数"中，"镜头"和"视野"的设置不变，将"目标距离"设置为"3500"左右（ 目标距离: 3564.049 ），如图4-63所示。

　　4. 单击界面右下方的【最大比视口切换】按

钮（　），回到界面，选中"Carema006"图，单击界面右下方的【最大比视口切换】按钮（　），将"Carema006"图最大化，可以看到摄像近距离的视角效果，如图4-64所示。

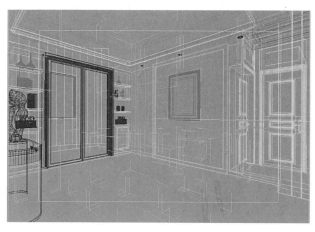

图4-64　摄像效果

4.3 室内高级灰色调材质附着技术细部解析

4.3.1 外景背景墙材质设置

学习"外景"的参数设置及材质的附着。

1. 选中"前视图"，单击界面右下方的【最大比视口切换】按钮（ ），将"前视图"最大化。在"前视图"中，选中两端，为其附着外景，如图4-65所示。

2. 在"材质编辑器"命令框中，选中一个新的材质球，输入名称为"外景"，单击名称右侧的方块，打开"材质/贴图浏览器"命令框，在"材质"的"V-Ray"中选择"VR灯光材质"，如图4-66、图4-67所示。

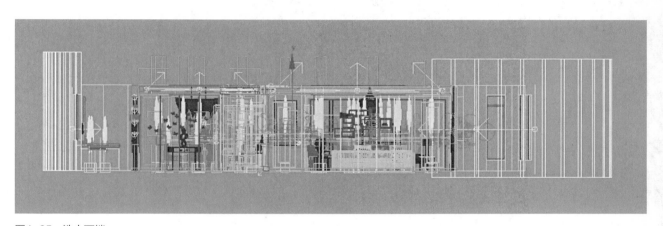

图4-65　选中两端

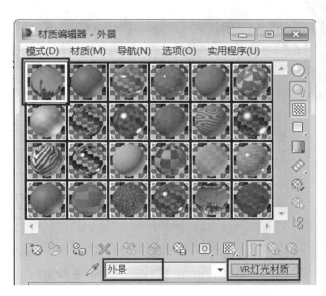

图4-66　外景材质球

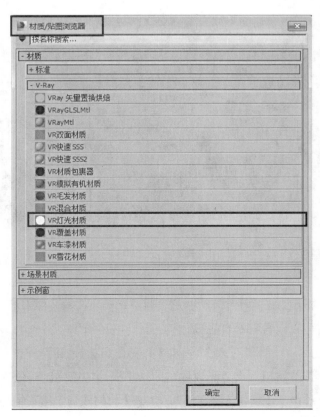

图4-67　选择"VR灯光材质"

3.　在"参数"中将"颜色"强度设置为"0.7"，单击右侧的长条按钮进行贴图设置，如图4-68所示。

4.　单击名称右侧的方块按钮，打开"材质/贴图浏览器"命令框，在"贴图"的"标准"中选择"位图"，如图4-69所示。

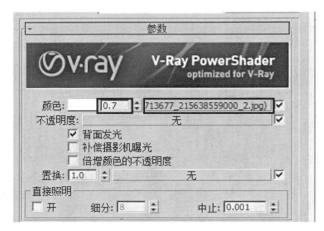

图4-68　参数设置

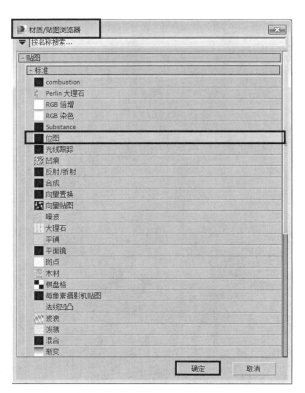

图4-69　选择位图

图4-70　室外夜景图像

5.　在"位图参数"中单击"位图"右侧的长条按钮，选择一个室外夜景图片，单击【查看图像】，可以查看清晰的贴图图像，如图4-70所示。

6.　单击【转到父对象】按钮（　），回到"参数"设置。检查无误后，单击【视口中选中明暗处理材质】按钮（　），然后单击【将材质指定给选中对象】按钮（　），将材质附着到选中的外景中。

4.3.2　硬包塑料材质设置

学习"硬包"的参数设置及材质的附着。

1.　单击界面右下方的【最大比视口切换】按钮（　），回到界面，选中"透视图"，单击界面右下方的【最大比视口切换】按钮（　），将"透视图"

最大化。在"透视图"中，选中沙发后的背景墙，为其附着硬包材质，如图4-71所示。

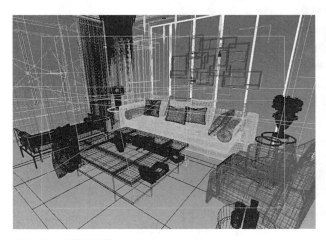

图4-71　沙发背景墙

2. 在"材质编辑器"命令框中，选中一个新的材质球，输入名称为"硬包"，使用VRay标准材质"VRayMtl"，在"基本参数"的"漫反射"中，单击"漫反射"右侧的【M】，如图4-72所示。

图4-72　硬包材质球

3. 对漫反射进一步设置，为其添加一个贴图材质，在"位图参数"中单击"位图"右侧的长条按钮，选择硬包纹理材质位图，单击【查看图像】，查看清晰的位图图像，如图4-73所示。

图4-73　硬包材质

4. 单击【转到父对象】按钮（　　），回到"基本参数"设置。单击"反射"右侧的颜色方块按钮，打开"颜色选择器：反射"命令框，将"亮度"设置为"11"，单击【确定】。打开"高光光泽度"并设置为"0.56"，将"反射光泽度"设置为"0.6"，"细分"设置为"50"，如图4-74、图4-75所示。

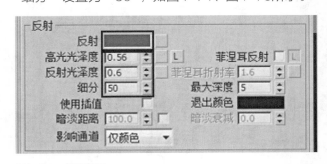

图4-74　参数设置

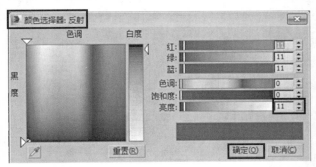

图4-75　反射

5. 在"贴图"中，单击"凹凸"右侧长条按钮，为其加一个贴图材质，在"位图参数"中单击"位图"右侧的长条按钮，选择皮革纹理材质的位图，单击【查看图像】，查看清晰的位图图像，如图4-76、图4-77所示。

6. 参数设置完成后，单击【视口中选中明暗处理材质】按钮（ ），然后单击【将材质指定给选中对象】按钮（ ），将材质附着到选中的背景墙及电视两侧中。如图4-78所示。

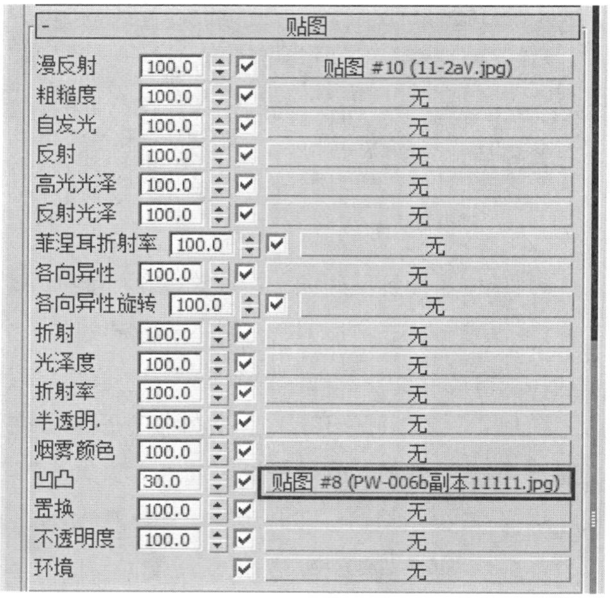

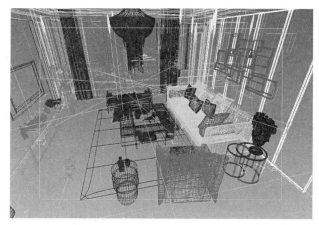

图4-78　背景墙硬包

4.3.3　黑不锈钢材质设置

学习"黑不锈钢"的参数设置及材质的附着。

1. 采用黑色金属材料作为硬包的包边，在图中选中，如图4-79所示。

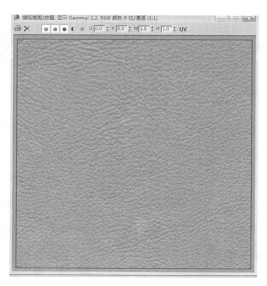

图4-76　添加贴图材质

图4-79　包边

2. 在"材质编辑器"命令框中，选中一个新的材质球，输入名称为"黑不锈钢"，使用VRay标准材质"VRayMtl"（ 黑不锈钢　　　VRayMtl ），在"基本参数"的"漫反射"中，单击"漫反射"右侧的颜色方块按钮（ 漫反射 ），如图4-80所示。

3. 打开"颜色选择器：漫反射"命令框，将颜色调制为咖色，"红""绿""蓝"分别设置为"78"、"38"、"24"，单击【确定】，如图4-81所示。

图4-77　皮革材质

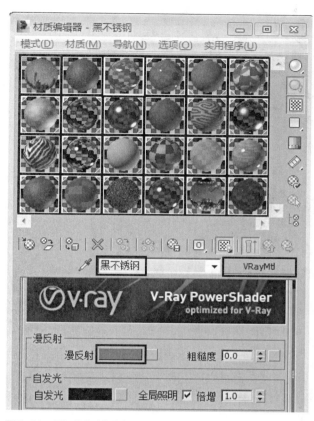

图4-80　黑不锈钢材质球

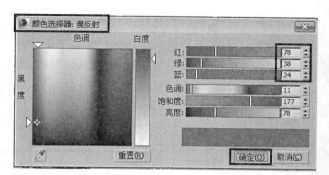

图4-81　漫反射颜色参数设置

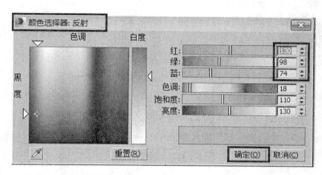

图4-82　反射颜色参数设置

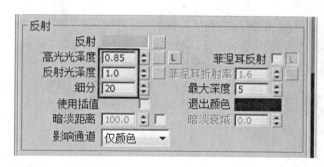

图4-83　反射参数设置

4. 在"反射"中，单击"反射"右侧的颜色方块按钮，打开"颜色选择器：反射"命令框，将"红"、"绿"、"蓝"分别设置为"130"、"98"、"74"，单击【确定】，如图4-82所示。

5. 打开"高光光泽度"并设置为"0.85"，将"反射光泽度"设置为"1.0"，"细分"设置为"20"，如图4-83所示。

6. 参数设置完成后，单击【视口中选中明暗处理材质】按钮（▨），然后单击【将材质指定给选中对象】按钮（▦），将材质附着到选中的背景墙包边框中。

4.3.4　微晶石地砖材质设置

学习"微晶石地砖"的参数设置及材质的附着。

1. 将鼠标放置在图形界面的左上角的"线框"

上，单击鼠标【右键】，选择"真实"（真实），如图4-84所示。

2. 选中地面，将鼠标放置在图形界面的左上角的"真实+边面"上，单击鼠标【右键】，选择"线框"（线框），为地面附着微晶石材料，如图4-85所示。

3. 在"材质编辑器"命令框中，选中一个新的材质球，输入名称为"微晶石地砖"，使用VRay标准材质"VRayMtl"，在"基本参数"中，单击"漫反射"右侧的【M】，如图4-86所示。

4. 对漫反射进一步设置，添加一个贴图材质，在"位图参数"中单击"位图"右侧的长条按钮，

图4-84　真实　　　　　　图4-85　地面

图4-87　微晶石材质

"绿"、"蓝"均设置为"26"，单击【确定】，如图
4-88所示。

　　6. 打开"高光光泽度"并设置为"0.9"，将"反
射光泽度"设置为"1.0"，"细分"设置为"30"，
如图4-89所示。

　　7. 参数设置完成后，单击【视口中选中明暗处
理材质】按钮（▨），然后单击【将材质指定给选中
对象】按钮（▧），将材质附着到选中的地面中。

图4-86　微晶石地砖材质球

选择微晶石面层的材质位图，单击【查看图像】，查
看清晰的位图图像，如图4-87所示。

　　5. 单击【转到父对象】按钮（▧），回到"基
本参数"设置。单击"反射"右侧的颜色方块按
钮，打开"颜色选择器：反射"命令框，将"红"、

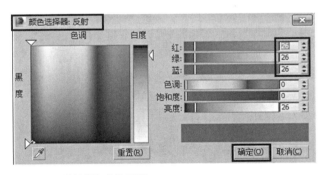

图4-88　反射颜色参数设置

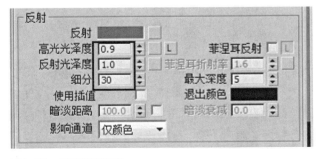

图4-89　反射参数设置

4.3.5　毛绒沙发材质设置

学习"毛绒沙发"的参数设置及材质的附着。

1. 在图中选中沙发及其坐垫，为其附着毛绒材质，如图4-90所示。

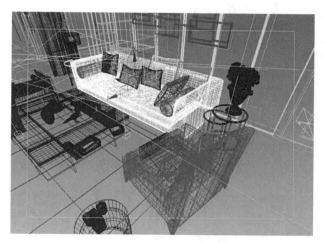

图4-90　沙发

2. 在"材质编辑器"命令框中，选中一个新的材质球，输入名称为"毛绒沙发"，使用VRay标准材质"VRayMtl"，在"基本参数"的"漫反射"中，单击"漫反射"右侧的【M】，如图4-91所示。

3. 对漫反射进一步设置，单击名称右侧的方块按钮，打开"材质/贴图浏览器"命令框，选中"贴图"中"标准"的"混合"，单击【确定】，如图4-92所示。

4. 在"混合参数"中，单击"颜色#1"右侧的方块按钮，打开"颜色选择器：颜色1"命令框，将"红"、"绿"、"蓝"分别设置为"58"、"41"、"37"，单击【确定】，如图4-93所示。

5. 单击"颜色#2"右侧的方块按钮，打开"颜色选择器：颜色2"命令框，将"红"、"绿"、"蓝"分别设置为"118"、"93"、"86"，单击【确定】，如图4-94所示。

图4-91　毛绒沙发材质球

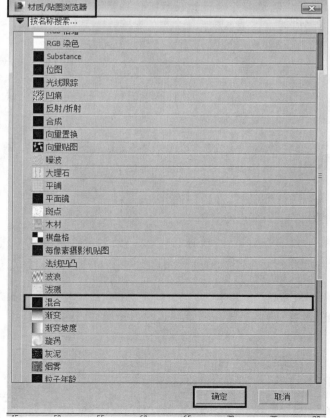

图4-92　混合

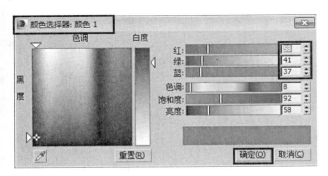

图4-93　颜色1参数设置

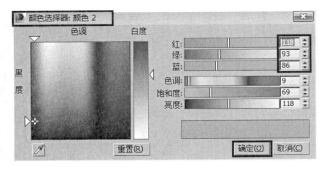

图4-94　颜色2参数设置

图4-95　混合量与材质位图1

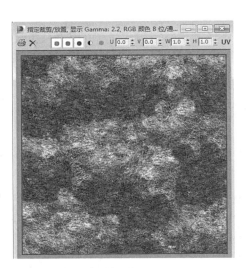

图4-95　混合量与材质位图2

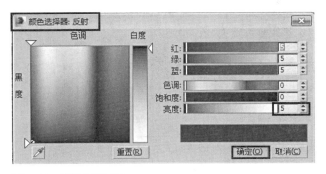

图4-96　亮度参数设置

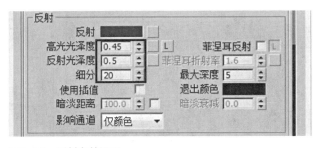

图4-97　反射参数设置

6. 单击"混合量"右侧长条按钮，在"位图参数"中，单击"位图"右侧的长条按钮，选择毛绒效果的材质位图，单击【查看图像】，查看清晰的位图图像，如图4-95所示。

7. 单击两次【转到父对象】按钮（ ），回到"基本参数"设置。单击"反射"右侧的颜色方块按钮，打开"颜色选择器：反射"命令框，将"亮度"设置为"5"，单击【确定】，如图4-96所示。

8. 打开"高光光泽度"并设置为"0.45"，将"反射光泽度"设置为"0.5"，"细分"设置为"20"，如图4-97所示。

9. 参数设置完成后，单击【视口中选中明暗处理材质】按钮（ ），然后单击【将材质指定给选中

对象】按钮（ ），将材质附着到选中的沙发中。

4.3.6　抱枕材质设置

学习"橙紫抱枕"的参数设置及材质的附着。

1. 在图中，选中沙发上的一个抱枕，为其附着橙紫色材质，如图4-98所示。

2. 在"材质编辑器"命令框中，选中一个新的

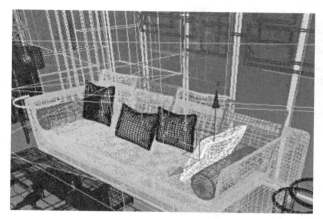

图4-98　抱枕

材质球，输入名称为"橙紫抱枕"，单击名称右侧的方块，打开"材质/贴图浏览器"命令框，在"材质"的"标准"中选中"多维/子对象"，单击【确定】。在"多维/子对象基本参数"中，单击"ID"的第一个材质按钮，如图4-99所示。

　　3. 使用VRay标准材质"VRayMtl"，在"基本参数"的"漫反射"中单击"漫反射"右侧的【M】，如图4-100所示。

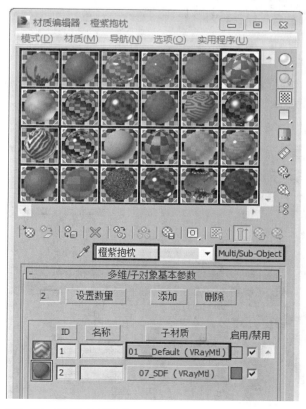

图4-99　橙紫抱枕材质球

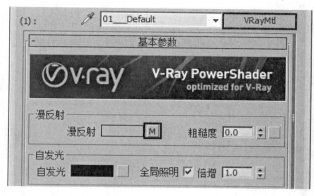

图4-100　漫反射

　　4. 对漫反射进一步设置，单击名称右侧的方块按钮，打开"材质/贴图浏览器"命令框，选中"衰减"，单击【确定】，在"衰减参数"的"前：侧"中单击第一个长条按钮，增加一个材质，如图4-101所示。

　　5. 在"位图参数"中，单击"位图"右侧的长条按钮，选择抱枕纹理材质位图，单击【查看图像】按钮，可以看到清晰的图像，如图4-102所示。

图4-101　衰减参数

图4-102
抱枕材质

6. 单击【转到父对象】按钮（），回到"衰减参数"设置中，将第一个长条按钮中的位图图像复制到第二个长条按钮中，将"衰减类型"设置为"垂直/平行"（衰减类型：　垂直/平行），如图4-103所示。

图4-103　衰减类型

7. 调整"混合曲线"，如图4-104所示。

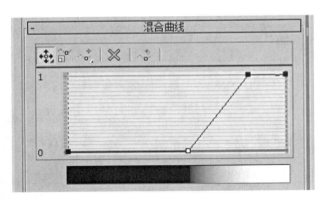

图4-104　混合曲线

8. 单击【转到父对象】按钮（），回到"基本参数"设置。单击"反射"右侧的颜色方块按钮，打开"颜色选择器：反射"命令框，将"亮度"设置为"50"，单击【确定】，如图4-105所示。

9. 打开"高光光泽度"并设置为"0.45"，将"反射光泽度"设置为"0.55"，"细分"设置为

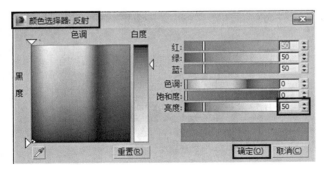

图4-105　亮度设置

"8"，勾选打开"菲涅耳反射"，将"菲涅耳折射率"设置为"2.0"，如图4-106所示。

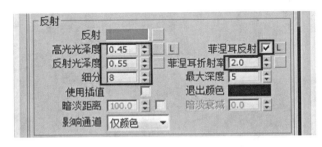

图4-106　反射参数设置

10. 单击【转到父对象】按钮（），回到"多维/子对象基本参数"设置，单击"ID"的第二个长条材质，如图4-107所示。

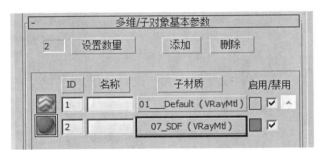

图4-107　第二个材质按钮

11. 使用VRay标准材质"VRayMtl"，在"基本参数"中，单击"漫反射"右侧的颜色方块按钮，打开"颜色选择器：漫反射"命令框，将"红""绿""蓝"分别设置为"99"、"22"、"25"，单击【确定】，如图4-108、图4-109所示。

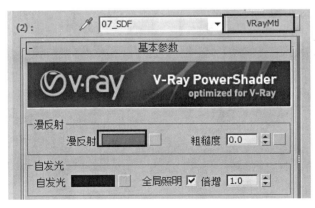

图4-108　基本参数设置

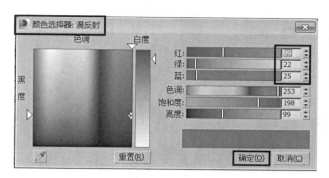

图4-109　漫反射颜色参数设置

12. 单击【转到父对象】按钮（ ），回到"多维/子对象基本参数"设置中，检查参数设置无误后，单击【视口中选中明暗处理材质】按钮（ ），然后单击【将材质指定给选中对象】按钮（ ），将材质附着到选中的抱枕中。

4.3.7　皮革材质设置

学习"皮革"的参数设置及材质的附着。

1. 在图中，选中茶几边缘的上包，为其附着皮革材质，如图4-110所示。

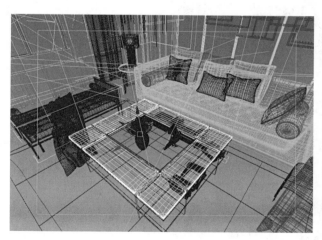

图4-110　茶几边缘

2. 在"材质编辑器"命令框中，选中一个新的材质球，输入名称为"皮革"，使用VRay标准材质"VRayMtl"，在"基本参数"的"漫反射"中，单击"漫反射"右侧的【M】，如图4-111所示。

3. 对漫反射进一步设置，添加一个贴图材质，

在"位图参数"中单击"位图"右侧的长条按钮，选择一个皮革纹理的材质位图，单击【查看图像】，查看清晰的位图图像，如图4-112所示。

4. 单击【转到父对象】按钮（ ），回到"基本参数"设置。单击"反射"右侧的颜色方块按钮，

图4-111　皮革材质球

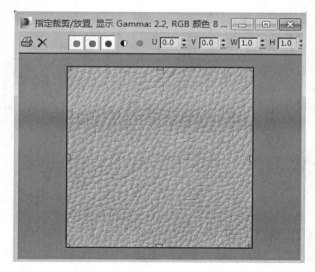

图4-112　皮革材质

打开"颜色选择器：反射"命令框，将"亮度"设置为"50"，单击【确定】，如图4-113所示。

5. 打开"高光光泽度"并设置为"0.5"，将"反射光泽度"设置为"0.8"，"细分"设置为"12"（细分 12），如图4-114所示。

6. 在"贴图"中，将"凹凸"设置为"80"，单击右侧长条按钮，为其添加一个贴图材质，在"位图参数"中单击"位图"右侧的长条按钮，选择同漫反射一样的皮革纹理位图，单击【查看图像】，查看清晰的位图图像，如图4-115、图4-116所示。

同样也可以在"贴图"中，将"漫反射"的贴图直接复制到"凹凸"中。

7. 参数设置完成后，单击【视口中选中明暗处理材质】按钮（），然后单击【将材质指定给选中对象】按钮（），将材质附着到选中的茶几边缘中。

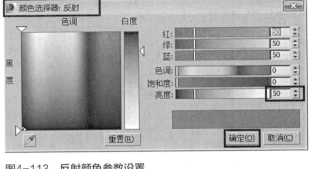

图4-113　反射颜色参数设置

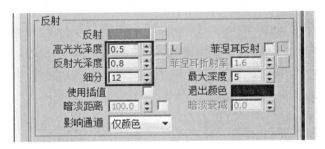

图4-114　反射参数设置

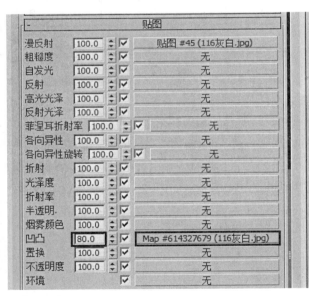

图4-115　凹凸设置

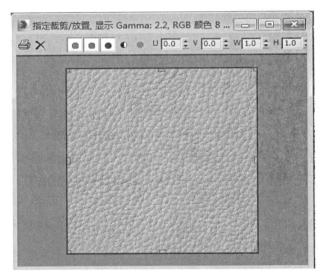

图4-116　皮革材质

4.3.8　茶几玻璃材质设置

学习"茶几黑玻璃"的参数设置及材质的附着。

1. 将鼠标放置在图形界面的左上角的"线框"上，单击鼠标【右键】，选择"真实"，在真实中，

选中客厅茶几的内桌面，将鼠标放置在图形界面的左上角的"真实+边面"上，单击鼠标【右键】，选择"线框"，为桌面附着黑玻璃材料，如图4-117所示。

2. 在"材质编辑器"命令框中，选中一个新的材质球，输入名称为"茶几黑玻璃"，使用VRay标准材质"VRayMtl"，在"基本参数"中，单击"漫反射"右侧的颜色方块按钮，如图4-118所示。

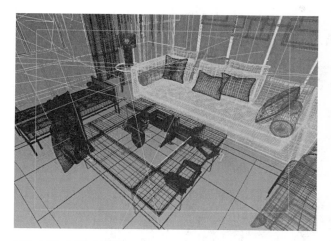

图4-117　茶几内桌面

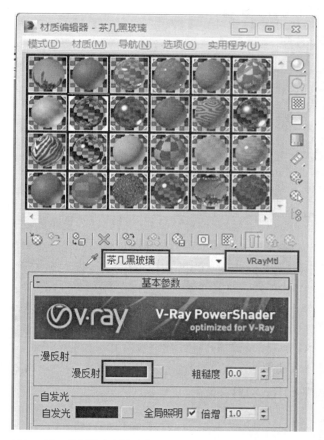

图4-118　茶几黑玻璃材质球

3. 打开"颜色选择器：漫反射"命令框，将"亮度"设置为"1"，单击【确定】，如图4-119所示。

4. 在"反射"中，单击"反射"右侧的颜色方块按钮，打开"颜色选择器：反射"命令框，将"亮度"设置为"114"，单击【确定】，如图4-120所示。

5. 参数设置完成后，单击【视口中选中明暗处

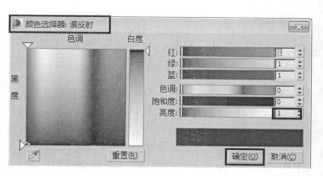

图4-119　漫反射颜色参数设置

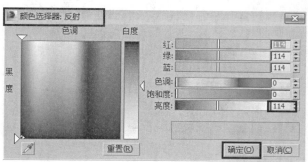

图4-120　反射颜色参数设置

理材质】按钮（　），然后单击【将材质指定给选中对象】按钮（　），将材质附着到选中的茶几内桌面中。

4.3.9　茶几木纹材质设置

学习"木纹"的参数设置及材质的附着。

1. 在图中，选中茶几下的部位，为其附着木纹材质，如图4-121所示。

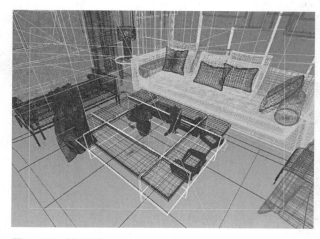

图4-121　茶几下部

2．在"材质编辑器"命令框中，选中一个新的材质球，输入名称为"木纹"，使用VRay标准材质"VRayMtl"，在"基本参数"的"漫反射"中，单击"漫反射"右侧的【M】按钮，如图4-122所示。

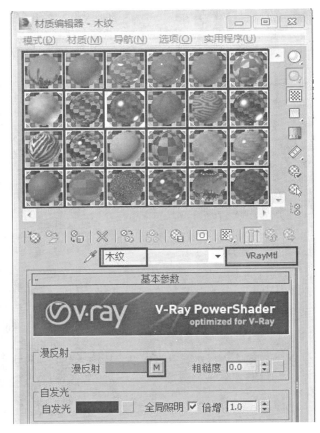

图4-122　木纹材质球

图4-123　木纹材质

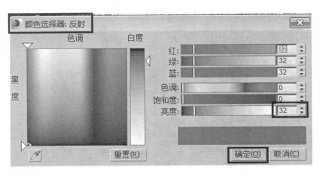

图4-124　反射颜色参数设置

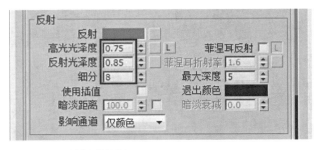

图4-125　反射参数设置

3．对漫反射进一步设置，添加一个贴图材质，在"位图参数"中单击"位图"右侧的长条按钮，选择木纹材质位图，单击【查看图像】，查看清晰的位图图像，如图4-123所示。

4．单击【转到父对象】按钮（　），回到"基本参数"设置。单击"反射"右侧的颜色方块按钮，打开"颜色选择器：反射"命令框，将"亮度"设置为"32"，单击【确定】，如图4-124所示。

5．打开"高光光泽度"并设置为"0.75"，将"反射光泽度"设置为"0.85"，"细分"设置为"8"，如图4-125所示。

6．参数设置完成后，单击【视口中选中明暗处

理材质】按钮（　），然后单击【将材质指定给选中对象】按钮（　），将材质附着到选中的茶几下部中。

4.3.10　紫灰绒毛材质设置

学习"紫灰绒毛"的参数设置及材质的附着。

1．在图中选中单人沙发，为其附着紫灰绒毛材

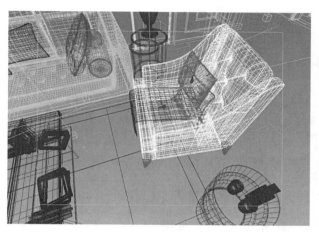

图4-126　单人沙发

质，如图4-126所示。

2．在"材质编辑器"命令框中，选中一个新的材质球，输入名称为"紫灰绒毛"，单击名称右侧的方块按钮，打开"材质/贴图浏览器"命令框，在"材质"的"标准"中选择"混合"，单击【确定】。在"混合基本参数"中，单击"材质1"右侧的长条按钮，如图4-127、图4-128所示。

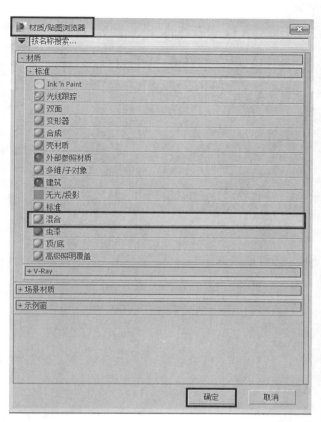

图4-128　混合

3．使用VRay标准材质"VRayMtl"，在"基本参数"中，单击"漫反射"右侧的【M】按钮，如图4-129所示。

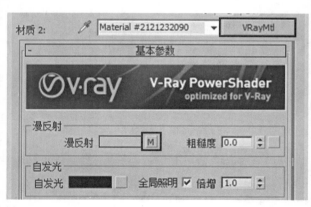

图4-129　漫反射

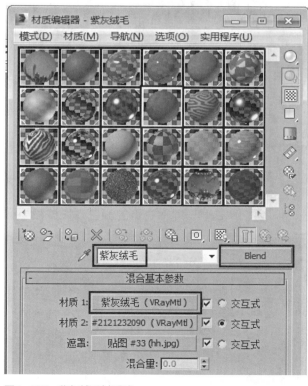

图4-127　紫灰绒毛材质球

4．对漫反射进一步设置，添加一个贴图材质，在"位图参数"中单击"位图"右侧的长条按钮，选绒毛的材质贴图，单击【查看图像】，查看清晰的位图图像，如图4-130所示。

图4-130　毛绒材质

5．单击【转到父对象】按钮（❖），回到"基本参数"设置。单击"反射"右侧的颜色方块按钮，打开"颜色选择器：反射"命令框，将"亮度"设置为"7"，单击【确定】按钮，如图4-131所示。

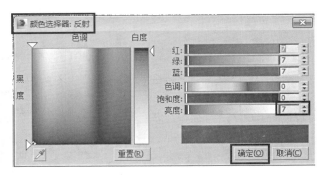

图4-131　反射颜色参数设置

6．打开"高光光泽度"并设置为"0.45"，将"反射光泽度"设置为"0.5"，"细分"设置为"24"，如图4-132所示。

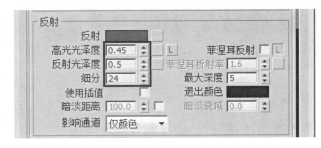

图4-132　反射参数设置

7．单击【转到父对象】按钮（❖），回到"混合基本参数"设置。单击"材质2"右侧的长条按钮，如图4-133所示。

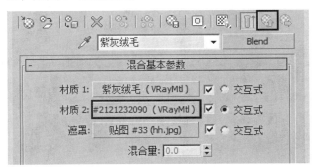

图4-133　混合基本参数

8．使用VRay标准材质"VRayMtl"，在"基本参数"的"漫反射"中，单击"漫反射"右侧的【M】按钮，如图4-134所示。

9．对漫反射进一步设置，在"位图参数"中添加与材质1相同的毛绒贴图。

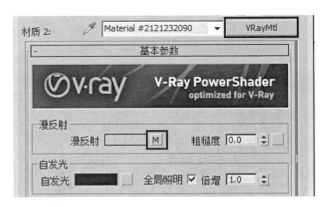

图4-134　漫反射

10．单击【转到父对象】按钮，回到"基本参数"设置。单击"反射"右侧的颜色方块按钮，打开"颜色选择器：反射"命令框，将"亮度"设置为"7"，单击【确定】，如图4-135所示。

11．打开"高光光泽度"并设置为"0.45"，将"反射光泽度"设置为"0.5"，"细分"设置为"12"，如图4-136所示。

12．单击【转到父对象】按钮（❖），回到"混合基本参数"设置。单击"遮罩"右侧的长条按钮，为其添加一张贴图。

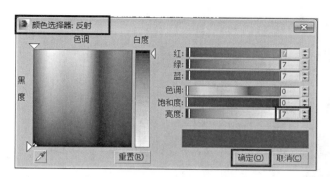

图4-135　反射颜色参数设置

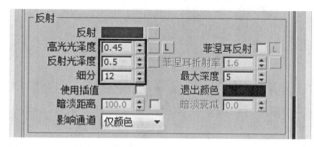

图4-136　反射参数设置

13. 单击名称右侧的方块按钮，打开"材质/贴图浏览器"命令框，在"贴图"的"标准"中选择"位图"，单击【确定】，如图4-137所示。

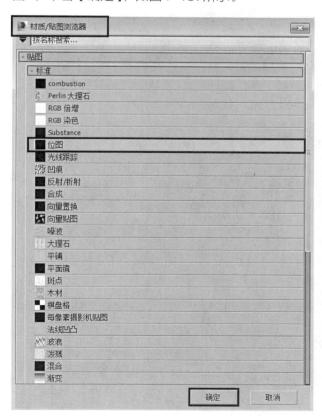

图4-137　位图

14. 在"位图参数"中单击"位图"右侧的长条按钮，选择绒毛黑白位图，单击【查看图像】，查看清晰的位图图像，如图4-138所示。

图4-138　毛绒材质

15. 单击【转到父对象】按钮（ ），回到"混合基本参数"设置，检查参数设置无误后，单击【视口中选中明暗处理材质】按钮（ ），然后单击【将材质指定给选中对象】按钮（ ），将材质附着到选中的单人沙发中，如图4-139所示。

图4-139　材质附着

4.3.11 地毯材质设置

学习"地毯"的参数设置及材质的附着。

1. 在图中，选中茶几下的地毯，如图4-140所示。

图4-140　地毯

2. 在"材质编辑器"命令框中，选中一个新的材质球，输入名称为"地毯"，单击名称右侧的方块按钮，打开"材质/贴图浏览器"命令框，在"材质"的"标准"中选择"混合"，单击【确定】。在"混合基本参数"中，单击"材质1"右侧的长条按钮，如图4-141所示。

3. 使用VRay标准材质"VRayMtl"，在"基本参数"中，单击"漫反射"右侧的颜色方块按钮，打开"颜色选择器：漫反射"命令框，将"红""绿""蓝"分别设置为"20"、"9"、"5"，单击【确定】，如图4-142所示。

4. 在"反射"中，单击"反射"右侧的颜色方块按钮，打开"颜色选择器：反射"命令框，将"亮度"设置为"9"，单击【确定】，如图4-143所示。

5. 打开"高光光泽度"并设置为"0.45"，将"反射光泽度"设置为"0.5"，"细分"设置为"12"，如图4-144所示。

6. 单击【转到父对象】按钮（ ），回到"混合基本参数"设置。单击"材质2"右侧的长条按钮。

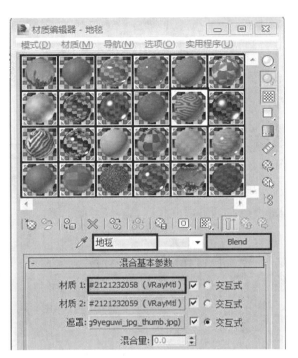

图4-141　地毯材质球

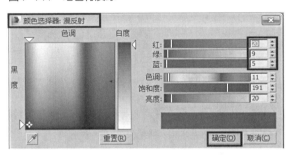

图4-142　漫反射颜色参数设置

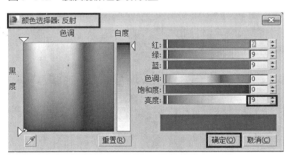

图4-143　反射颜色参数设置

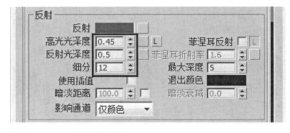

图4-144　反射参数设置

7. 使用VRay标准材质"VRayMtl"，在"基本参数"中，单击"漫反射"右侧的颜色方块按钮，打开"颜色选择器：漫反射"命令框，将"红"、"绿"、"蓝"分别设置为"132"、"93"、"75"，单击【确定】，如图4-145所示。

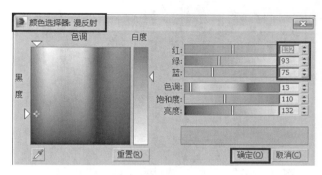

图4-145　漫反射颜色参数设置

8. 在"贴图"中，将"凹凸"值设置为"30"，单击右侧的长条按钮，为其添加一个贴图材质，如图4-146所示。

图4-146　凹凸

9. 在"位图参数"中，单击"位图"右侧的长条按钮，选择合适的位图，单击【查看图像】，查看清晰的位图图像，如图4-147所示。

10. 单击【转到父对象】按钮（），回到"混合基本参数"设置。单击"遮罩"右侧的长条按钮，

图4-147　凹凸材质图像

图4-148
贴图

为其添加一张贴图。

11. 在"位图参数"中单击"位图"右侧的长条按钮，选择合适的黑白纹理贴图，单击【查看图像】，查看清晰的位图图像，如图4-148所示。

12. 单击【转到父对象】按钮（），回到"混合基本参数"设置。"遮罩"的黑白纹理贴图，黑色部分为"材质1"，白色部分为"材质2"，以"遮罩"的交互方式为主，点选"遮罩"右侧的"交互式"（交互式），如图4-149所示。

13. 参数设置完成后，单击【视口中选中明暗处理材质】按钮（），然后单击【将材质指定给选中对象】按钮（），将材质附着到选中的地毯中。

图4-149　交互式

4.3.12　烤漆几座材质设置

　　学习"烤漆几座"的参数设置及材质的附着。

　　1. 在图中选中几座，为其附着烤漆材质，如图4-150所示。

图4-151　烤漆几座材质球

图4-150　几座

图4-152　烤漆材质

　　2. 在"材质编辑器"命令框中，选中一个新的材质球，输入名称为"烤漆几座"，使用VRay标准材质"VRayMtl"，在"基本参数"的"漫反射"中，单击"漫反射"右侧的【M】按钮，如图4-151所示。

　　3. 对漫反射进一步设置，添加一个贴图材质，在"位图参数"中单击"位图"右侧的长条按钮，

　　选择一个黑漆材质贴图，单击【查看图像】，查看清晰的位图图像，如图4-152所示。

　　4. 单击【转到父对象】按钮（　），回到"基本参数"设置。单击"反射"右侧的【M】按钮，对反射进一步设置。

　　5. 单击名称右侧的方块按钮，打开"材质/贴

图浏览器"命令框，选中"衰减"，单击【确定】。在"衰减参数"的"前：侧"中单击第一个颜色方块按钮，打开"颜色选择器：颜色1"命令框，将"亮度"设置为"25"，单击【确定】。将"衰减类型"设置为"Fresnel"，如图4-153、图4-154所示。

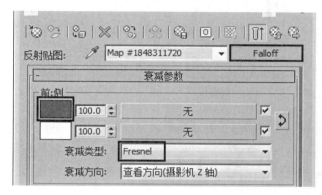

图4-153　衰减参数设置

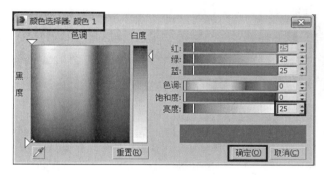

图4-154　亮度

6．单击【转到父对象】按钮（![icon]），回到"基本参数"设置。在"反射"中，打开"高光光泽度"并设置为"0.7"，将"反射光泽度"设置为"1.0"，"细分"设置为"8"，如图4-155所示。

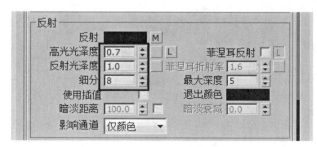

图4-155　反射参数设置

7．参数设置完成后，单击【视口中选中明暗处理材质】按钮（![icon]），然后单击【将材质指定给选中对象】按钮（![icon]），将材质附着到选中的几座中。

4.3.13　软布艺材质设置

学习"软布艺"的参数设置及材质的附着。

1．在图中，选中美人榻上的绸布，如图4-156所示。

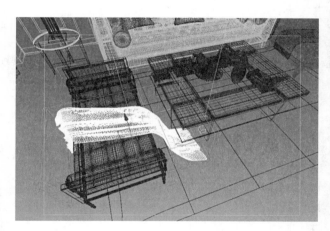

图4-156　绸布

2．在"材质编辑器"命令框中，选中一个新的材质球，输入名称为"软布艺"，使用VRay标准材质"VRayMtl"，在"基本参数"的"漫反射"中，单击"漫反射"右侧的【M】，如图4-157所示。

3．对漫反射进一步设置，单击名称右侧的方块按钮，打开"材质/贴图浏览器"命令框，选中"衰减"，单击【确定】。在"衰减参数"的"前：侧"中单击第一个长条按钮，如图4-158所示。

4．为其添加一个贴图材质，在"位图参数"中单击"位图"右侧的长条按钮，选择合适的花纹贴图，单击【查看图像】，查看清晰的贴图图像，如图4-159所示。

5．单击【转到父对象】按钮（![icon]），回到"衰减参数"设置。在"前：侧"中单击第二个长条按钮，为其添加与第一个长条按钮同样的贴图。将

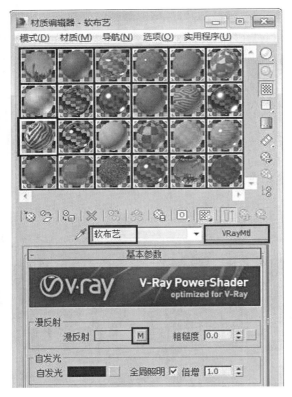

图4-157　软布艺材质球

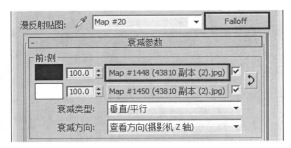

图4-158　衰减参数

图4-159　花纹材质

"衰减类型"设置为"垂直/平行"，如图4-160所示。

6. 将"混合曲线"进行调整，如图4-161所示。

图4-160　衰减参数设置

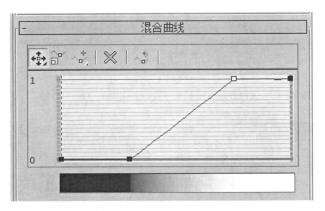

图4-161　混合曲线

7. 单击【转到父对象】按钮（　），回到"基本参数"设置。单击"反射"右侧的颜色方块按，打开"颜色选择器：反射"命令框，将"亮度"设置为"7"，单击【确定】，如图4-162所示。

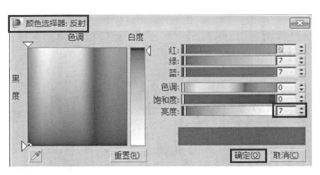

图4-162　反射亮度设置

8. 打开"高光光泽度"并设置为"0.45"，将"反射光泽度"设置为"0.5"，"细分"设置为

"16"，如图4-163所示。

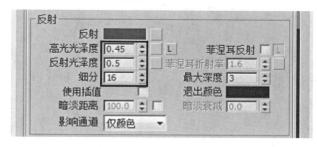

图4-163　反射参数设置

9．参数设置完成后，单击【视口中选中明暗处理材质】按钮（▨），然后单击【将材质指定给选中对象】按钮（▦），将材质附着到选中的绸布中。

4.3.14　亮铜材质设置

学习"亮铜"的参数设置及材质的附着。

1．在图中选中美人榻的椅腿，为其附着亮度材质，如图4-164所示。

2．在"材质编辑器"命令框中，选中一个新的材质球，输入名称为"亮铜"，使用VRay标准材质"VRayMtl"，如图4-165所示。

图4-164　椅腿

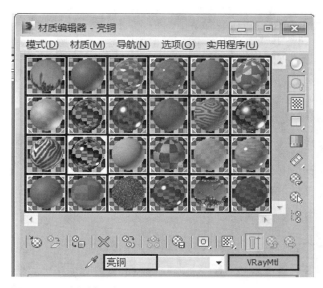

图4-165　亮铜材质球

3．在"基本参数"的"反射"中，单击"反射"右侧的颜色方块按钮，打开"颜色选择器：反射"命令框，将"红"、"绿"、"蓝"分别设置为"211"、"144"、"84"，单击【确定】，如图4-166所示。

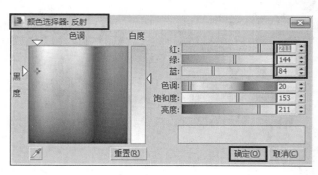

图4-166　反射颜色参数设置

4．打开"高光光泽度"并设置为"0.85"，将"反射光泽度"设置为"0.99"，"细分"设置为"8"，如图4-167所示。

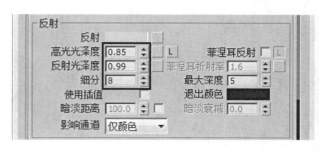

图4-167　反射参数设置

5．参数设置完成后，单击【视口中选中明暗处理材质】按钮（▨），然后单击【将材质指定给选中对象】按钮（▦），将材质附着到选中的椅腿中。

4.3.15　壁纸材质设置

学习"壁纸"的参数设置及材质的附着。

1．在图中，选中墙角裸露的位置，为其附着壁纸材质，如图4-168所示。

2．在"材质编辑器"命令框中，选中一个新的材质球，输入名称为"壁纸"，使用VRay标准材质"VRayMtl"，在"基本参数"的"漫反射"中，单

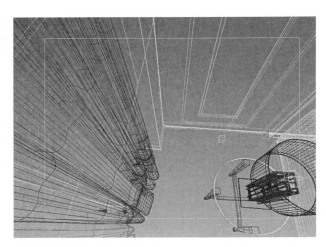

图4-168　墙角

图4-169　壁纸材质球

图4-170　壁纸贴图

4. 单击【转到父对象】按钮（　　），回到"基本参数"设置。在"贴图"中，将"漫反射"贴图复制到"凹凸"中，并将"凹凸"设置值为"35"，如图4-171所示。

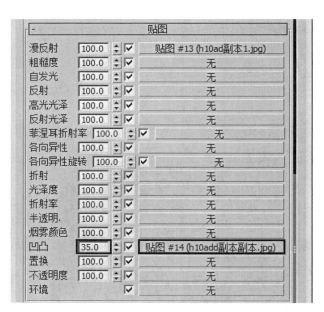

图4-171　凹凸

击"漫反射"右侧的【M】，如图4-169所示。

3. 对漫反射进一步设置，添加一个贴图材质，在"位图参数"中单击"位图"右侧的长条按钮，选择一个壁纸材质贴图，单击【查看图像】，查看清晰的位图图像，如图4-170所示。

5. 参数设置完成后，单击【视口中选中明暗处理材质】按钮（　　），然后单击【将材质指定给选中对象】按钮（　　），将材质附着到选中的墙角中。

4.3.16　遮光窗帘材质设置

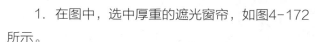

学习"遮光窗帘"的参数设置及材质的附着。

1. 在图中，选中厚重的遮光窗帘，如图4-172所示。

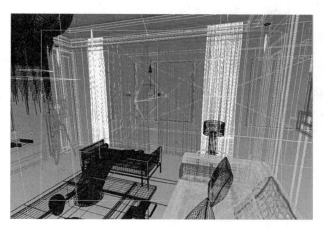

图4-172　遮光窗帘

2. 在"材质编辑器"命令框中，选中一个新的材质球，输入名称为"遮光窗帘"，单击名称右侧的方块按钮，打开"材质/贴图浏览器"命令框，在"材质"的"标准"中选中"多维/子对象"，单击【确定】。在"多维/子对象基本参数"中，单击"ID"的第一个材质按钮，如图4-173所示。

3. 使用VRay标准材质"VRayMtl"，在"基本参数"中单击"漫反射"右侧的【M】按钮，如图4-174所示。

4. 对漫反射进一步设置，添加一个贴图材质，在"位图参数"中单击"位图"右侧的长条按钮，选择一个浅蓝色贴图，单击【查看图像】，查看清晰的位图图像，如图4-175所示。

5. 单击【转到父对象】按钮（ ），回到"基本参数"设置。在"反射"中，单击"反射"右侧的颜色方块按钮，打开"颜色选择器：反射"命令框，将"亮度"设置为"25"，单击【确定】，如图4-176所示。

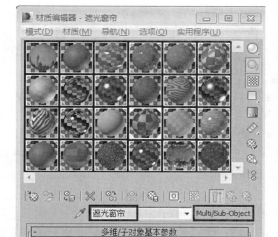

图4-173　遮光窗帘材质球

图4-174　漫反射

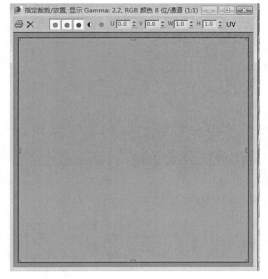

图4-175　浅蓝色贴图

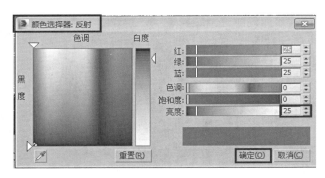

图4-176　反射亮度设置

6. 打开"高光光泽度"并设置为"0.6"，将"反射光泽度"设置为"0.65"，"细分"设置为"30"，如图4-177所示。

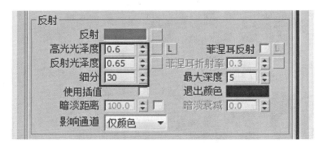

图4-177　反射参数设置

7. 单击【转到父对象】按钮（🖼），回到"多维/子对象基本参数"设置。单击"ID"的第二个材质按钮，如图4-178所示。

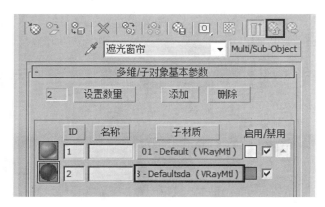

图4-178　第二个材质按钮

8. 使用VRay标准材质"VRayMtl"，在"基本参数"的"漫反射"中，单击"漫反射"右侧的【M】按钮，如图4-179所示。

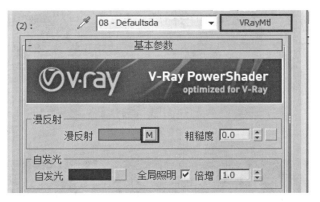

图4-179　漫反射

9. 对漫反射进一步设置，添加一个贴图材质，在"位图参数"中单击"位图"右侧的长条按钮，选择一个深褐色贴图，单击【查看图像】，查看清晰的位图图像，如图4-180所示。

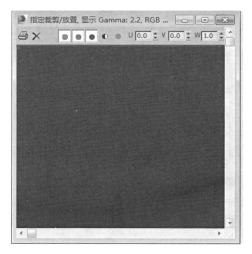

图4-180
深褐色材质

10. 单击【转到父对象】按钮（🖼），回到"基本参数"设置。单击"反射"右侧【M】按钮，为其添加一个贴图材质，在"位图参数"中单击"位图"右侧的长条按钮，选择一个浅褐色贴图，单击【查看图像】，查看清晰的位图图像，如图4-181所示。

11. 单击【转到父对象】按钮（🖼），回到"基本参数"设置。在"反射"中，打开"高光光泽度"并设置为"0.6"，将"反射光泽度"设置为"0.65"，"细分"设置为"30"，如图4-182所示。

图4-181
浅褐色材质

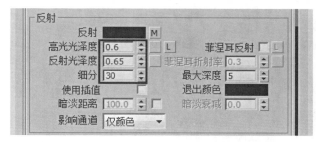

图4-182　反射参数设置

12．在"折射"中，单击"折射"右侧【M】按钮，为其添加一个贴图材质，在"位图参数"中单击"位图"右侧的长条按钮，选择一个具有折射的纹理贴图，单击【查看图像】，查看清晰的位图图像，如图4-183所示。

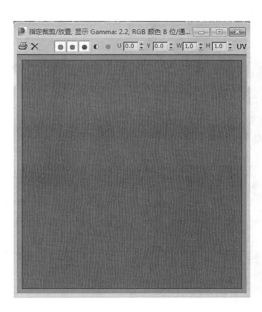

图4-183
折射材质

13．参数设置完成后，单击【视口中选中明暗处理材质】按钮（█），然后单击【将材质指定给选中对象】按钮（█），将材质附着到选中的遮光窗帘中。

4.3.17　透明窗帘材质设置

学习"透明窗帘"的参数设置及材质的附着。

1．在图中，选中透明窗帘，如图4-184所示。

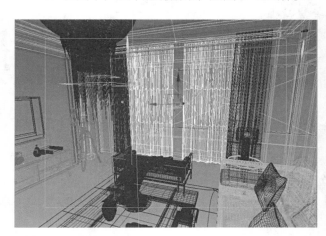

图4-184　透明窗帘

2．在"材质编辑器"命令框中，选中一个新的材质球，输入名称为"透明窗帘"，使用VRay标准材质"VRayMtl"，在"基本参数"的"漫反射"中，单击"漫反射"右侧的【M】按钮，如图4-185所示。

3．对漫反射进一步设置，添加一个贴图材质，在"位图参数"中单击"位图"右侧的长条按钮，选择一个透明窗帘贴图，单击【查看图像】，查看清晰的位图图像，如图4-186所示。

4．单击【转到父对象】按钮（█），回到"基本参数"设置。在"反射"中，将"反射光泽度"设置为"1.0"，"细分"设置为"15"，如图4-187所示。

5．在"折射"中，单击"折射"右侧的颜色方块按钮，打开"颜色选择器：折射"命令框，将"亮度"设置为"90"，单击【确定】，如图4-188所示。

图4-185
透明窗帘材
质球

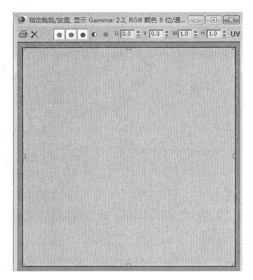

图4-186
透明窗帘材质

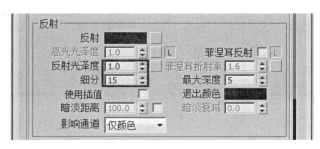

图4-187　反射参数设置

6. 将"光泽度"设置为"0.98"，"细分"设置为"8"，如图4-189所示。

7. 参数设置完成后，单击【视口中选中明暗处理材质】按钮（▨），然后单击【将材质指定给选中对象】按钮（▧），将材质附着到选中的透明窗帘中。

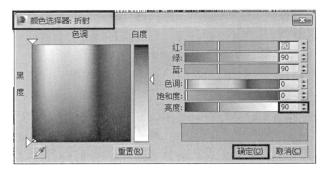

图4-188　折射颜色参数设置

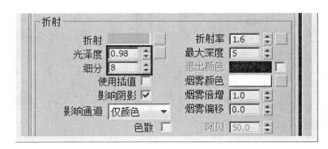

图4-189　折射参数设置

4.3.18　大理石材质设置

学习"大理石"的参数设置及材质的附着。

1. 在图中，选中电视背景墙的墙体，如图4-190所示。

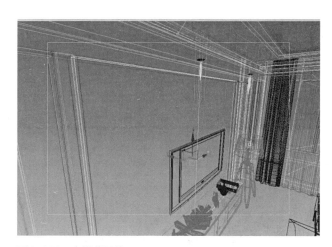

图4-190　电视背景墙

2. 在"材质编辑器"命令框中，选中一个新的材质球，输入名称为"大理石"，使用VRay标准材质"VRayMtl"，在"基本参数"的"漫反射"中，单击"漫反射"右侧的【M】按钮，如图4-191所示。

图4-191　大理石材质球

3. 对漫反射进一步设置，添加一个贴图材质，在"位图参数"中单击"位图"右侧的长条按钮，选择浅灰色大理石纹理贴图，单击【查看图像】，查看清晰的位图图像，如图4-192所示。

图4-192　大理石材质

4. 单击【转到父对象】按钮（　），回到"基本参数"设置。在"反射"中，单击"反射"右侧的颜色方块按钮，打开"颜色选择器：反射"命令框，将"亮度"设置为"30"，单击【确定】按钮，如图4-193所示。

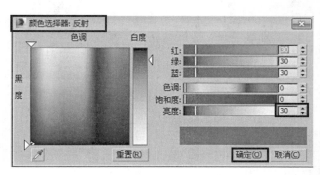

图4-193　反射颜色参数设置

5. 打开"高光光泽度"并设置为"0.85"，将"反射光泽度"设置为"1.0"，"细分"设置为"50"，如图4-194所示。

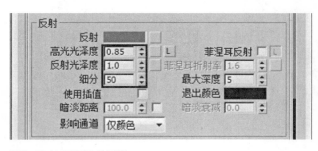

图4-194　反射参数设置

6. 参数设置完成后，单击【视口中选中明暗处理材质】按钮（　），然后单击【将材质指定给选中对象】按钮（　），将材质附着到选中的电视背景墙中。

4.3.19　磨砂金属材质设置

学习"磨砂金属"的参数设置及材质的附着。

1. 在图中选中摆件，为其附着金属磨砂材质，如图4-195所示。

图4-195　摆件

2. 在"材质编辑器"命令框中，选中一个新的材质球，输入名称为"磨砂金属"，使用VRay标准材质"VRayMtl"，如图4-196所示。

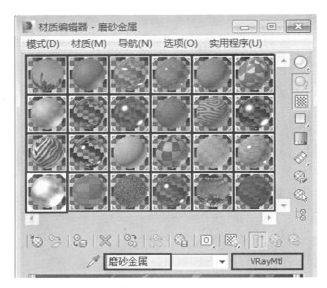

图4-196　磨砂金属材质球

3. 在"基本参数"的"反射"中，单击"反射"右侧的颜色方块按钮，打开"颜色选择器：反射"命令框，将"亮度"设置为"200"，单击【确定】，如图4-197所示。

4. 打开"高光光泽度"并设置为"0.5"，将"反射光泽度"设置为"0.75"，"细分"设置为"15"，如图4-198所示。

5. 参数设置完成后，单击【视口中选中明暗处理材质】按钮（ ），然后单击【将材质指定给选中对象】按钮（ ），将材质附着到选中的摆件中。

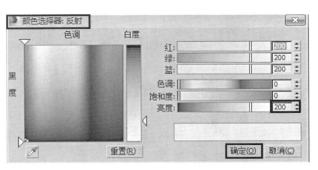

图4-197　反射颜色参数设置

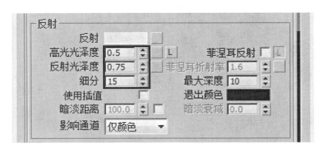

图4-198　反射参数设置

4.3.20　灯罩透明材质设置

学习"灯罩"的参数设置及材质的附着。

1. 在图中，选中落地灯的灯罩，如图4-199所示。

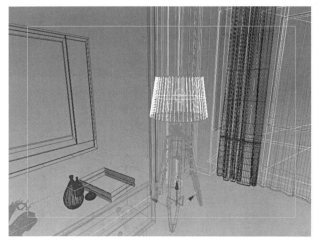

图4-199　灯罩

2. 在"材质编辑器"命令框中，选中一个新的材质球，输入名称为"灯罩"，使用VRay标准材质

"VRayMtl"，在"基本参数"的"漫反射"中，单击"漫反射"右侧的【M】按钮，如图4-200所示。

图4-200　灯罩材质球

3. 对漫反射进一步设置，添加一个贴图材质，在"位图参数"中单击"位图"右侧的长条按钮，选择一个透明灯罩贴图，单击【查看图像】，查看清晰的位图图像，如图4-201所示。

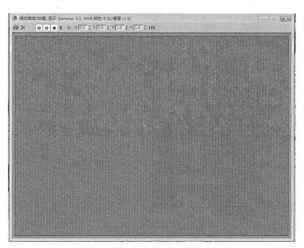

图4-201　灯罩材质

4. 单击【转到父对象】按钮，回到"基本参数"设置。在"反射"中，将"反射光泽度"设置为"1.0"，"细分"设置为"8"，如图4-202所示。

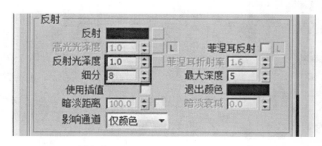

图4-202　反射参数设置

5. 在"折射"中，单击"折射"右侧的颜色方块按钮，打开"颜色选择器：折射"命令框，将"亮度"设置为"104"，单击【确定】，如图4-203所示。

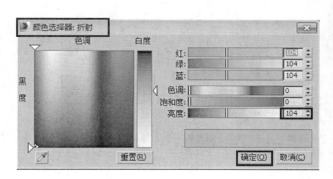

图4-203　折射亮度设置

6. 参数设置完成后，单击【视口中选中明暗处理材质】按钮（🖾），然后单击【将材质指定给选中对象】按钮（🖳），将材质附着到选中的灯罩中。

4.3.21　磨砂饰面材质设置

学习"磨砂饰面"的参数设置及材质的附着。

1. 在图中，选中电视柜的柜面，如图4-204所示。

2. 在"材质编辑器"命令框中，选中一个新的材质球，输入名称为"磨砂饰面"，使用VRay标准材质"VRayMtl"，在"基本参数"的"漫反射"中，单击"漫反射"右侧的【M】按钮，如图4-205所示。

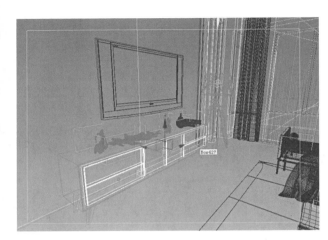

图4-204　电视柜柜面

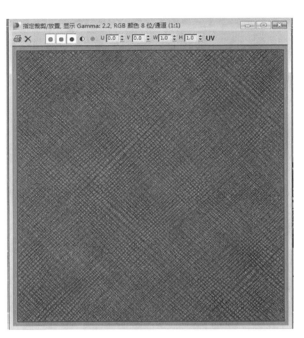

图4-206　磨砂材质

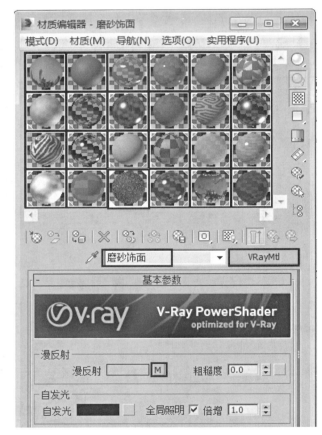

图4-205　磨砂饰面材质球

3. 对漫反射进一步设置，添加一个贴图材质，在"位图参数"中单击"位图"右侧的长条按钮，选择一个磨砂贴图，单击【查看图像】，查看清晰的位图图像，如图4-206所示。

4. 单击【转到父对象】按钮（ ），回到"基本参数"设置。在"反射"中，单击"反射"右侧

的颜色方块按钮，打开"颜色选择器：反射"命令框，将"亮度"设置为"5"，单击【确定】，如图4-207所示。

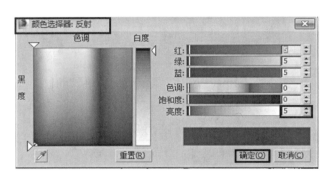

图4-207　反射颜色参数设置

5. 打开"高光光泽度"并设置为"0.5"，将"反射光泽度"设置为"1.0"，"细分"设置为"20"，如图4-208所示。

6. 在"贴图"中，将"漫反射"贴图复制给"凹凸"，将"凹凸"值设置为"30.0"，如图4-209所示。

7. 参数设置完成后，单击【视口中选中明暗处理材质】按钮（ ），然后单击【将材质指定给选中对象】按钮（ ），将材质附着到选中的电视柜柜面中。

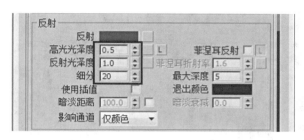

图4-208　反射参数设置

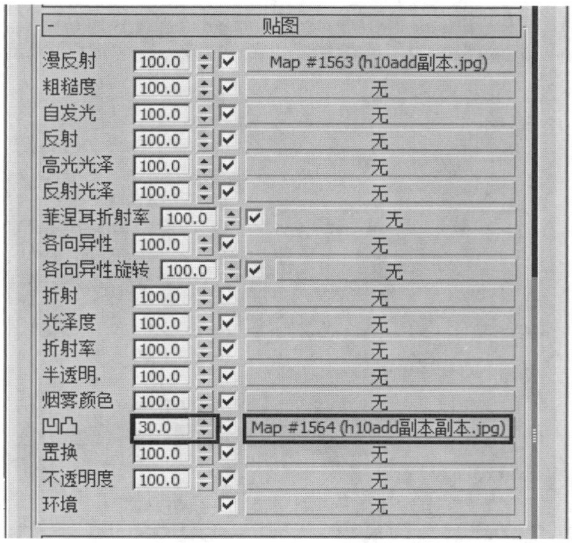

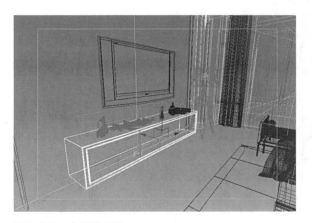

图4-209　复制贴图

4.3.22　亮漆混油材质设置

学习"亮漆混油"的参数设置及材质的附着。

1. 在图中，选中电视柜的面层，如图4-210所示。

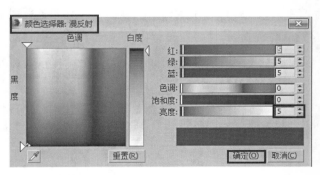

图4-210　电视柜面层

2. 在"材质编辑器"命令框中，选中一个新的材质球，输入名称为"亮漆混油"，使用VRay标准材质"VRayMtl"，在"基本参数"中，单击"漫反射"右侧的颜色方块，如图4-211所示。

图4-211　亮漆混油材质球

3. 打开"颜色选择器：漫反射"命令框，将"亮度"设置为"5"，单击【确定】，如图4-212所示。

图4-212　漫反射颜色参数设置

4. 在"反射"中，单击"反射"右侧的颜色方块按钮，打开"颜色选择器：反射"命令框，将"亮度"设置为"49"，单击【确定】，如图4-213所示。

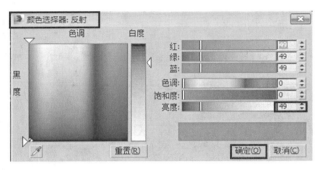

图4-213　反射颜色参数设置

5. 打开"高光光泽度"并设置为"0.82"，将"反射光泽度"设置为"0.99"，"细分"设置为"8"，如图4-214所示。

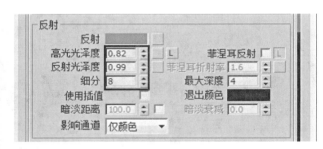

图4-214　反射参数设置

6. 参数设置完成后，单击【视口中选中明暗处理材质】按钮（█），然后单击【将材质指定给选中对象】按钮（█），将材质附着到选中的电视柜面层中。

4.3.23　电视屏幕材质设置

学习"电视屏幕"的参数设置及材质的附着。

1. 在图中，选中电视机屏幕，如图4-215所示。

2. 在"材质编辑器"命令框中，选中一个新的材质球，输入名称为"电视屏幕"，单击名称右侧

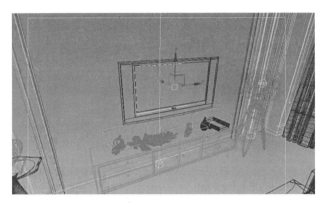

图4-215　电视机屏幕

的方块按钮，打开"材质/贴图浏览器"命令框，在"材质"的"V-Ray"中选择"VR灯光材质"。在"参数"中，将"颜色"强度设置为"1.0"，单击右侧的长条按钮进行贴图设置，为其添加一个贴图材质，如图4-216、图4-217所示。

图4-216　电视屏幕材质球

3. 在"位图参数"中单击"位图"右侧的长条按钮，选择一个电视画面贴图，单击【查看图像】，查看清晰的位图图像，如图4-218所示。

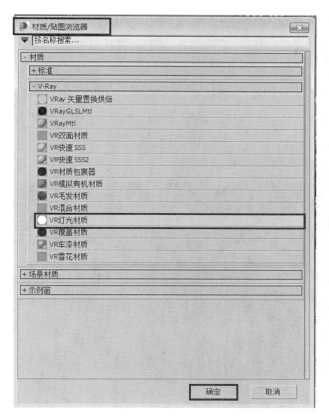

图4-217　VR灯光材质

图4-218　电视画面贴图

4. 单击【转到父对象】按钮（⬛），回到"参数"设置。检查无误后，单击【视口中选中明暗处理材质】按钮（⬛），然后单击【将材质指定给选中对象】按钮（⬛），将材质附着到选中的电视屏幕中。

4.3.24　黑色玻璃材质设置

学习"黑色玻璃"的参数设置及材质的附着。

1. 在图中，选中电视外框，为其附着黑漆玻璃材质，如图4-219所示。

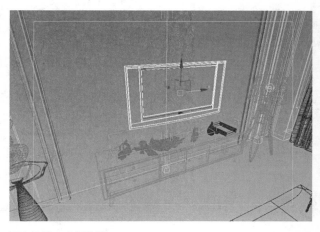

图4-219　电视外框

2. 在"材质编辑器"命令框中，选中一个新的材质球，输入名称为"黑色玻璃"，使用VRay标准材质"VRayMtl"，在"基本参数"的"漫反射"中，单击"漫反射"右侧的颜色方块按钮，如图4-220所示。

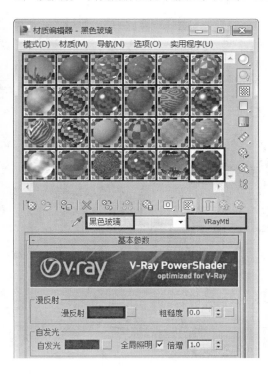

图4-220
黑色玻璃
材质球

3. 打开"颜色选择器：漫反射"命令框，将"亮度"设置为"5"，点击【确定】，如图4-221所示。

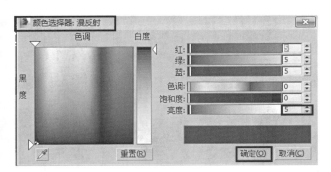

图4-221 漫反射颜色参数设置

4. 在"反射"中，单击"反射"右侧的颜色方块按钮，打开"颜色选择器：反射"命令框，将"亮度"设置为"16"，单击【确定】，如图4-222所示。

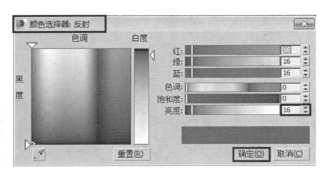

图4-222 反射颜色参数设置

5. 打开"高光光泽度"并设置为"0.95"，将"反射光泽度"设置为"1.0"，"细分"设置为"8"，如图4-223所示。

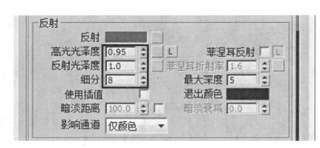

图4-223 反射参数设置

6. 参数设置完成后，单击【视口中选中明暗处理材质】按钮（▨），然后单击【将材质指定给选中对象】按钮（▨），将材质附着到选中的电视外框中。

4.3.25 流动质感金属材质设置

学习"流动质感金属"的参数设置及材质的附着。

1. 在图中，选中电视柜上方的两只小鹿，为其附着流动质感的材质，如图4-224所示。

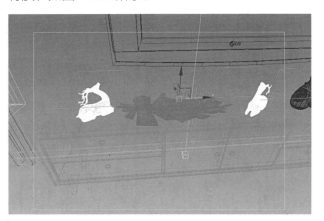

图4-224 小鹿

2. 在"材质编辑器"命令框中，选中一个新的材质球，输入名称为"流动质感金属"，使用VRay标准材质"VRayMtl"，如图4-225所示。

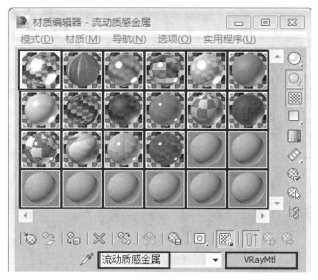

图4-225 流动质感金属材质球

3. 在"基本参数"的"反射"中，单击"反射"右侧的颜色方块按钮，打开"颜色选择器：反射"命令框，将"亮度"设置为"226"，单击【确定】，如图4-226所示。

4．打开"高光光泽度"并设置为"0.6"，将"反射光泽度"设置为"0.9"，"细分"设置为"8"，如图4-227所示。

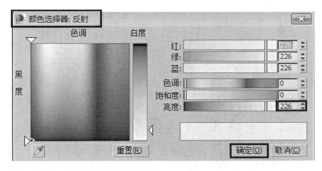

图4-226　反射颜色参数设置

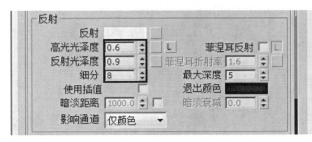

图4-227　反射参数设置

5．在"贴图"中，将"凹凸"值设置为"10"，单击"凹凸"右侧长条按钮，为其添加一张贴图，如图4-228所示。

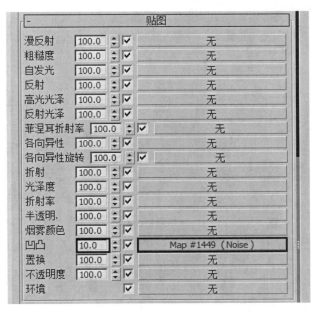

图4-228　凹凸

6．单击名称右侧的方块按钮，打开"材质/贴图浏览器"，在"贴图"的"标准"中，选中"噪波"，单击【确定】。在"噪波参数"中，将"大小"设置为"0.3"，"噪波阈值"中的"高"设置为"1.0"，如图4-229、图4-230所示。

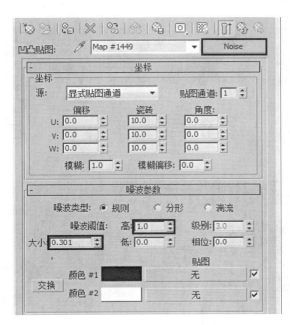

图4-229　噪波参数设置

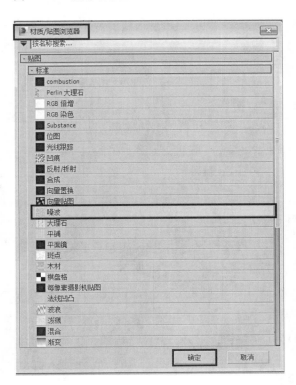

图4-230　噪波

7. 单击【转到父对象】按钮（），回到"基本参数"设置。检查无误后，单击【视口中选中明暗处理材质】按钮（ ），然后单击【将材质指定给选中对象】按钮（ ），将材质附着到选中的小鹿中。

4.3.26　书皮材质设置

学习"书皮"的参数设置及材质的附着。

1. 在图中，选中电视柜上的两本图书，如图4-231所示。

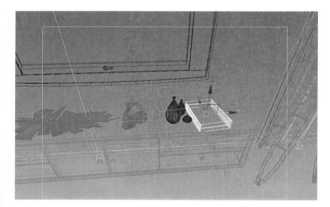

图4-231　图书

2. 在"材质编辑器"命令框中，选中一个新的材质球，输入名称为"书皮"，使用VRay标准材质"VRayMtl"，在"基本参数"的"漫反射"中，单击"漫反射"右侧的【M】按钮，如图4-232所示。

3. 对漫反射进一步设置，添加一个贴图材质，在"位图参数"中单击"位图"右侧的长条按钮，选择一个合适的书皮贴图，单击【查看图像】，查看清晰的位图图像，如图4-233所示。

4. 单击【转到父对象】按钮（ ），回到"基本参数"设置。在"反射"中，单击"反射"右侧的颜色方块按钮，打开"颜色选择器：反射"命令框，将"亮度"设置为"25"，单击【确定】，如图4-234所示。

5. 打开"高光光泽度"并设置为"0.23"，将"反射光泽度"设置为"1.0"，"细分"设置为"8"，如图4-235所示。

6. 参数设置完成后，单击【视口中选中明暗处理材质】按钮（ ），然后单击【将材质指定给选中对象】按钮（ ），将材质附着到选中的图书中。

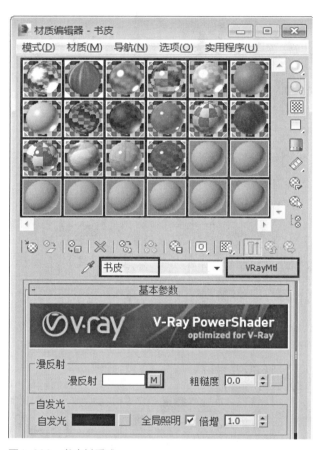

图4-232　书皮材质球

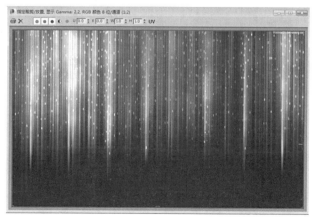

图4-233　书皮材质

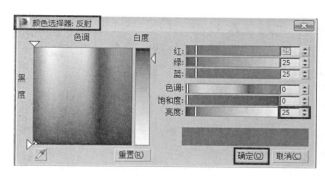

图4-234　反射颜色参数设置

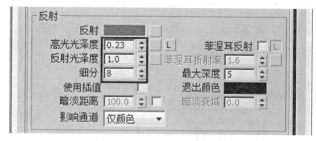

图4-235　反射参数设置

4.3.27　香槟金材质设置

学习"香槟金"的参数设置及
材质的附着。

1. 在图中，选中客厅顶上的吊灯，为其附着金
属材质，如图4-236所示。

图4-236　吊灯

2. 在"材质编辑器"命令框中，选中一个新的
材质球，输入名称为"香槟金"，使用VRay标准材
质"VRayMtl"，在"基本参数"中，单击"漫反射"
右侧的颜色方块按钮，如图4-237所示。

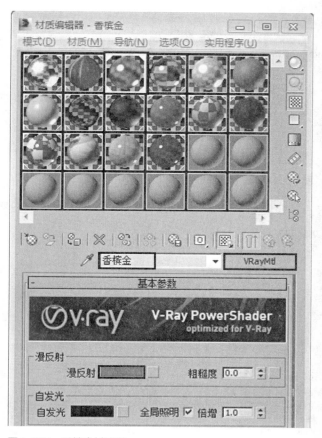

图4-237　香槟金材质球

3. 打开"颜色选择器：漫反射"命令框，将
"红"、"绿"、"蓝"分别设置为"78"、"38"、
"24"，单击【确定】，如图4-238所示。

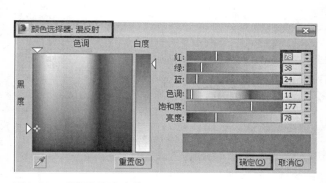

图4-238　漫反射颜色参数设置

4. 在"反射"中，单击"反射"右侧的颜色
方块按钮，打开"颜色选择器：反射"命令框，将
"红"、"绿"、"蓝"分别设置为"193"、"152"、
"99"，单击【确定】。如图4-239所示。

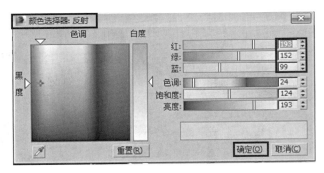

图4-239　反射颜色参数设置

5. 关闭"高光光泽度"，将"反射光泽度"设置为"0.88"，"细分"设置为"30"，如图4-240所示。

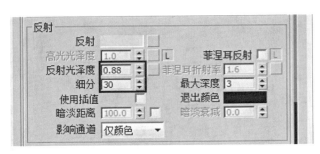

图4-240　反射参数设置

6. 参数设置完成后，单击【视口中选中明暗处理材质】按钮（▣），然后单击【将材质指定给选中对象】按钮（▦），将材质附着到选中的吊灯中。

4.3.28　水晶玻璃材质设置

学习"水晶玻璃"的参数设置及材质的附着。

1. 在图中，选中客厅吊灯下方的水晶丝，如图4-241所示。

2. 在"材质编辑器"命令框中，选中一个新的材质球，输入名称为"水晶玻璃"，使用VRay标准材质"VRayMtl"，如图4-242所示。

3. 在"基本参数"的"反射"中，单击"反射"右侧的颜色方块按钮，打开"颜色选择器：反射"命令框，将"亮度"设置为"56"，单击【确定】，如图4-243所示。

图4-241　水晶丝

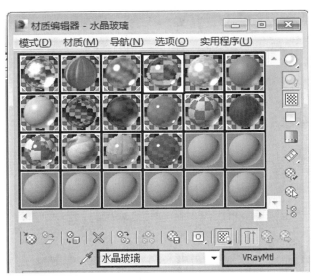

图4-242　水晶玻璃材质球

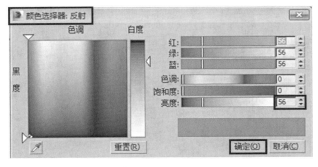

图4-243　反射颜色参数设置

4. 打开"高光光泽度"并设置为"0.8"，将"反射光泽度"设置为"0.8"，"细分"设置为"30"，如图4-244所示。

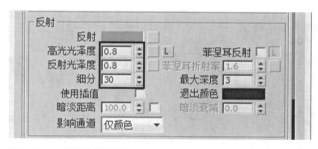

图4-244　反射参数设置

5. 在"折射"中，单击"折射"右侧的颜色方块按钮，打开"颜色选择器：折射"命令框，将"亮度"设置为"255"，单击【确定】按钮，如图4-245所示。

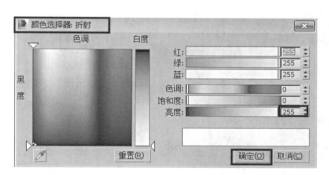

图4-245　折射亮度设置

6. 参数设置完成后，单击【视口中选中明暗处理材质】按钮（■），然后单击【将材质指定给选中对象】按钮（■），将材质附着到选中的吊灯下方的水晶丝中。

图中的酒瓶、碗等物品，以及推拉门上的玻璃都可以附着水晶玻璃材质。

4.3.29　白铝材质设置

学习"白铝"的参数设置及材质的附着。

1. 在图中，选中茶几上的两只小白鸽，如图4-246所示。

2. 在"材质编辑器"命令框中，选中一个新的材质球，输入名称为"白铝"，使用VRay标准材质"VRayMtl"，如图4-247所示。

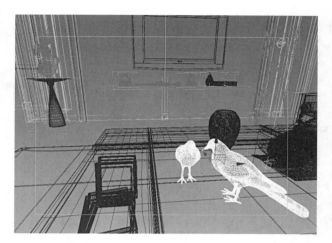

图4-246　白鸽

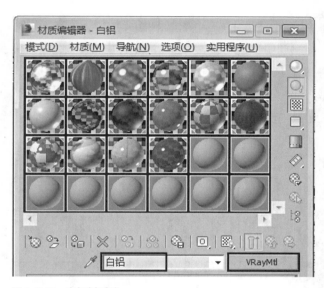

图4-247　白铝材质球

3. 在"基本参数"的"反射"中，单击"反射"右侧的颜色方块按钮，打开"颜色选择器：反射"命令框，将"亮度"设置为"102"，单击【确定】，如图4-248所示。

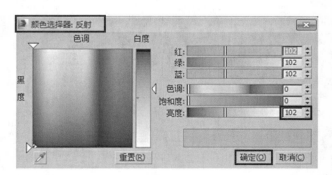

图4-248　反射颜色参数设置

4. 打开"高光光泽度"并设置为"0.7"，将"反射光泽度"设置为"0.9"，"细分"设置为"18"，如图4-249所示。

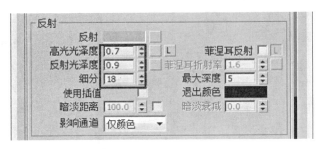

图4-249　反射参数设置

5. 参数设置完成后，单击【视口中选中明暗处理材质】按钮（▣），然后单击【将材质指定给选中对象】按钮（▣），将材质附着到选中的白鸽中。

4.3.30　花瓣材质设置

学习"花瓣"的参数设置及材质的附着。

1. 在图中，选中花瓶中的花，如图4-250所示。

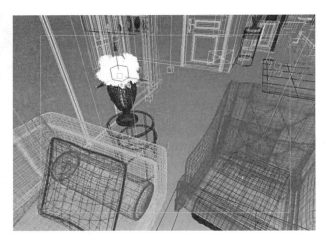

图4-250　花

2. 在"材质编辑器"命令框中，选中一个新的材质球，输入名称为"花瓣"，使用VRay标准材质"VRayMtl"，在"基本参数"的"漫反射"中，单击"漫反射"右侧的颜色方块按钮，如图4-251所示。

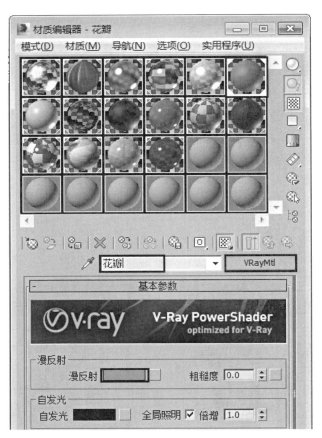

图4-251　花瓣材质球

3. 打开"颜色选择器：漫反射"命令框，将"红"、"绿"、"蓝"分别设置为"125"、"54"、"138"，单击【确定】，如图4-252所示。

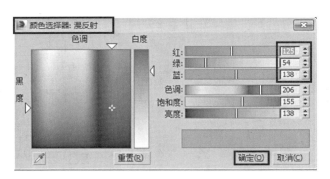

图4-252　漫反射颜色参数设置

4. 在"反射"中，单击"反射"右侧的颜色方块按钮，打开"颜色选择器：反射"命令框，将"亮度"设置为"10"，单击【确定】，如图4-253所示。

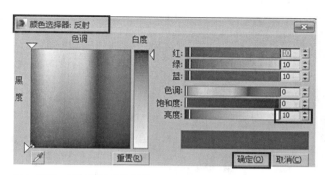

图4-253　反射颜色参数设置

5. 打开"高光光泽度"并设置为"0.6"，将"反射光泽度"设置为"0.6"，"细分"设置为"20"，如图4-254所示。

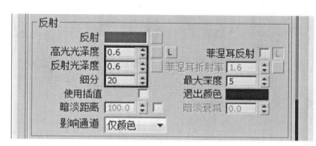

图4-254　反射参数设置

6. 在"折射"中，单击"折射"右侧的颜色方块按钮，打开"颜色选择器：折射"命令框，将"亮度"设置为"30"，单击【确定】，如图4-255所示。

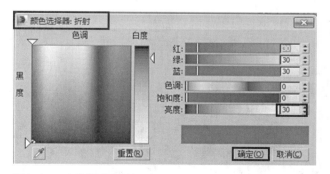

图4-255　折射颜色参数设置

将"光泽度"设置为"1.0"，"细分"设置为"8"，折射率设置为"1.6"，如图4-256所示。

7. 参数设置完成后，单击【视口中选中明暗处理材质】按钮（），然后单击【将材质指定给选中对象】按钮（），将材质附着到选中的花中。

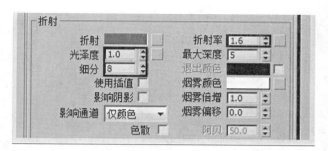

图4-256　折射参数设置

4.3.31　白塑料材质设置

学习"白塑料"的参数设置及材质的附着。

1. 在图中，选中花下面的花瓶，为其附着象牙白塑料材质，如图4-257所示。

图4-257　花瓶

2. 在"材质编辑器"命令框中，选中一个新的材质球，输入名称为"白塑料"，使用VRay标准材质"VRayMtl"，在"基本参数"的"漫反射"中，单击"漫反射"右侧的颜色方块按钮，如图4-258所示。

3. 打开"颜色选择器：漫反射"命令框，将"红"、"绿"、"蓝"分别设置为"188"、"191"、"172"，单击【确定】，如图4-259所示。

4. 在"反射"中，单击"反射"右侧【M】按钮，对反射进一步设置。

图4-258　白塑料材质球

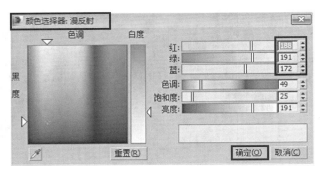

图4-259　漫反射颜色参数设置

5. 单击名称右侧的方块按钮，为其添加衰减材质，在"衰减参数"的"前：侧"中，将"衰减类型"设置为"Fresnel"，如图4-260所示。

6. 单击【转到父对象】按钮（　），回到"基本参数"设置。在"反射"中，单开"高光光泽度"并设置为"0.7"，将"反射光泽度"设置为"0.83"，"细分"设置为"20"，如图4-261所示。

7. 参数设置完成后，单击【视口中选中明暗处

理材质】按钮（　），然后单击【将材质指定给选中对象】按钮（　），将材质附着到选中的花瓶中。

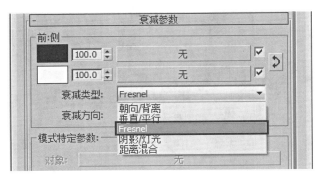

图4-260　衰减类型

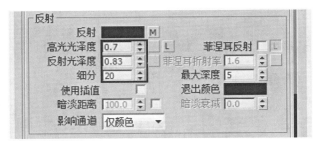

图4-261　反射参数设置

4.3.32　仿古砖材质设置

学习"仿古砖"的参数设置及材质的附着。

1. 在图中选中阳台地面及墙壁，为其附着满贴仿古砖的材质，如图4-262所示。

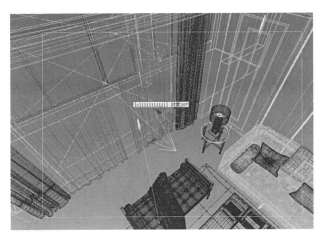

图4-262　阳台地面及墙壁

2. 在"材质编辑器"命令框中，选中一个新的材质球，输入名称为"仿古砖"，使用VRay标准材质"VRayMtl"，在"基本参数"的"漫反射"中，单击"漫反射"右侧的【M】，如图4-263所示。

图4-263　仿古砖材质球

3. 对漫反射进一步设置，添加一个贴图材质，在"位图参数"中单击"位图"右侧的长条按钮，选择一个仿古砖贴图，单击【查看图像】，查看清晰的位图图像，如图4-264所示。

4. 单击【转到父对象】按钮（ ），回到"基本参数"设置。在"反射"中，单击"反射"右侧的颜色方块按钮，打开"颜色选择器：反射"命令框，将"亮度"设置为"29"，单击【确定】，如图4-265所示。

5. 打开"高光光泽度"并设置为"0.85"，将"反射光泽度"设置为"0.92"，"细分"设置为"12"，如图4-266所示。

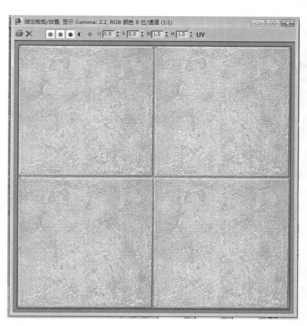

图4-264　仿古砖材质

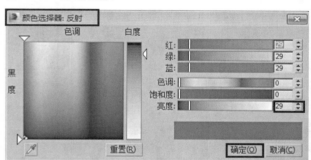

图4-265　反射颜色参数设置

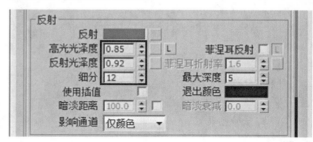

图4-266　反射参数设置

6. 在"贴图"中，将"漫反射"的贴图复制到"凹凸"中，并将"凹凸"值设置为"30.0"，如图4-267所示。

7. 参数设置完成后，单击【视口中选中明暗处理材质】按钮（ ），然后单击【将材质指定给选中对象】按钮（ ），将材质附着到选中的阳台地面和墙壁中。

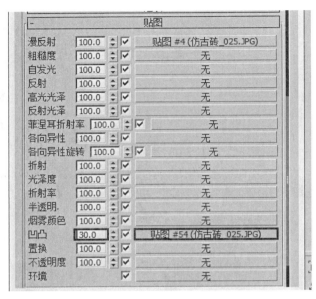

图4-267　凹凸效果

4.3.33　窗框塑钢材质设置

学习"窗框"的参数设置及材质的附着。

1. 在图中，选中阳台上的窗户的窗框，为其附着材质，如图4-268所示。

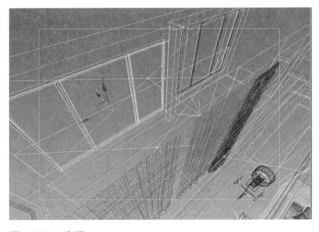

图4-268　窗框

2. 在"材质编辑器"命令框中，选中一个新的材质球，输入名称为"窗框"，使用VRay标准材质"VRayMtl"，在"基本参数"的"漫反射"中，单击"漫反射"右侧的颜色方块按钮，如图4-269所示。

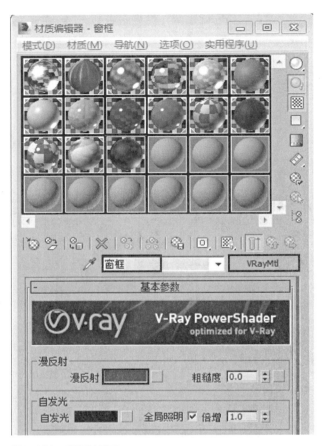

图4-269　窗框材质球

3. 打开"颜色选择器：漫反射"命令框，将"红"、"绿"、"蓝" 分别 设置为"12"、"15"、"16"，单击【确定】，如图4-270所示。

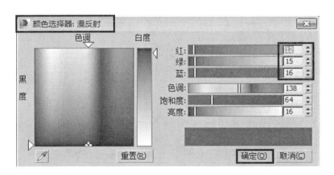

图4-270　漫反射颜色参数设置

4. 在"反射"中，单击"颜色"右侧的颜色方块按钮，打开"颜色选择器：反射"命令框，将"亮度"设置为"23"，单击【确定】，如图4-271所示。

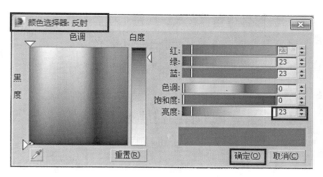

图4-271　反射颜色参数设置

5. 打开"高光光泽度"并设置为"0.8"，将"反射光泽度"设置为"1.0"，"细分"设置为"8"，如图4-272所示。

图4-273　花瓶

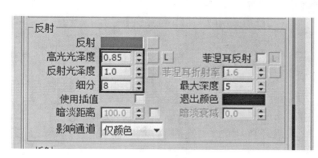

图4-272　反射参数设置

6. 参数设置完成后，单击【视口中选中明暗处理材质】按钮（▨），然后单击【将材质指定给选中对象】按钮（▨），将材质附着到选中的阳台窗框中。

下面，进入餐厅的材质附着设置。

4.3.34　墨玉陶瓷材质设置

学习"墨玉陶瓷"的参数设置及材质的附着。

1. 在图中，选中餐桌上的花瓶，如图4-273所示。

2. 在"材质编辑器"命令框中，选中一个新的材质球，输入名称为"墨玉陶瓷"，使用VRay标准材质"VRayMtl"，在"基本参数"的"漫反射"中，单击"漫反射"右侧的【M】按钮，如图4-274所示。

3. 对漫反射进一步设置，添加一个贴图材质，

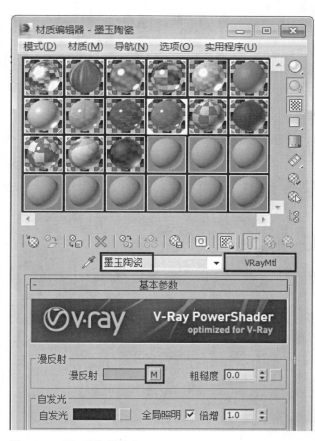

图4-274　墨玉陶瓷材质球

在"位图参数"中单击"位图"右侧的长条按钮，选择一个墨玉色材质贴图，单击【查看图像】，查看清晰的位图图像，如图4-275所示。

4. 单击【转到父对象】按钮（▨），回到"基本参数"设置。在"反射"中，单击"反射"右侧的【M】按钮，对反射进一步设置。

图4-275　墨玉色材质

5．单击名称右侧的方块按钮，为其添加一个衰减材质，在"衰减参数"中将"衰减类型"设置为"Fresnel"，如图4-276所示。

图4-276　衰减类型

6．单击【转到父对象】按钮（🔧），回到"基本参数"设置。在"反射"中，打开"高光光泽度"并设置为"0.85"，将"反射光泽度"设置为"0.9"，"细分"设置为"30"，如图4-277所示。

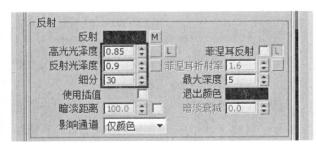

图4-277　反射参数设置

7．参数设置完成后，单击【视口中选中明暗处理材质】按钮（🖼），然后单击【将材质指定给选中对象】按钮（🖧），将材质附着到选中的花瓶中。

4.3.35　一束莲植物材质设置

学习"植物"的参数设置及材质的附着。

1．在图中，选中餐桌花瓶中的花，如图4-278所示。

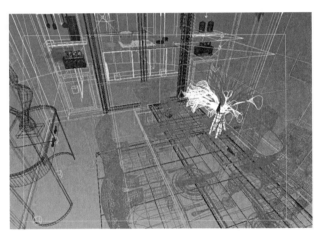

图4-278　花

2．在"材质编辑器"命令框中，选中一个新的材质球，输入名称为"植物"，单击名称右侧的方块按钮，打开"材质/贴图浏览器"命令框，在"材质"的"标准"中选中"多维/子对象"，单击【确定】。在"多维/子对象基本参数"中，单击"ID"的第一个材质按钮，如图4-279所示。

3．使用VRay标准材质"VRayMtl"，在"基本参数"的"漫反射"中，单击"漫反射"右侧的【M】按钮，如图4-280所示。

4．对漫反射进一步设置，单击名称右侧的方块按钮，打开"材质/贴图浏览器"命令框，选中"渐变"，单击【确定】，在"渐变参数"中，单击"颜色#1"右侧的长条按钮，为其增加一个材质，如图4-281、图4-282所示。

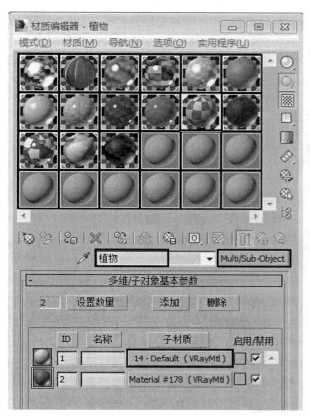

图4-279　植物材质球

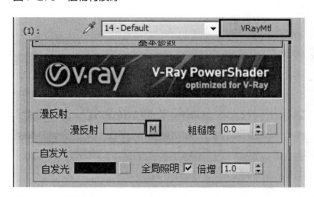

图4-280　漫反射

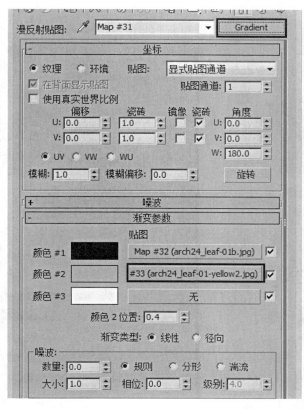

图4-281　渐变参数

5. 在"位图参数"中，单击"位图"右侧的长条按钮，选择合适的绿色纹理贴图，单击【查看图像】，查看清晰的位图图像，如图4-283所示。

6. 单击【转到父对象】按钮（ ），回到"渐变参数"设置。单击"颜色#2"右侧的长条按钮，为其增加一个材质，在"位图参数"中，单击"位图"右侧的长条按钮，选择合适的黄色纹理贴图，单击【查看图像】（ 查看图像 ），查看清晰的位图图像，如图4-284、图4-285所示。

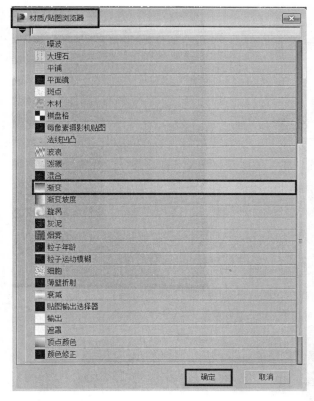

图4-282　渐变

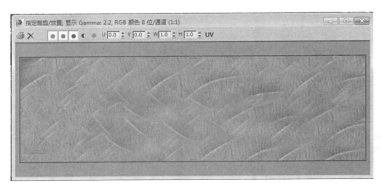

图4-283　合适的植物材质

图4-284　"颜色#2"贴图

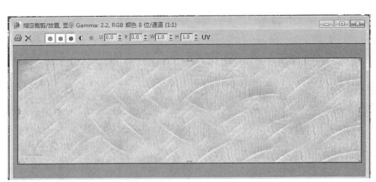

图4-285　植物材质

图4-286　衰减类型

7. 单击【转到父对象】按钮（），回到"基本参数"设置。单击"反射"右侧的【M】按钮，对反射进一步设置。

8. 单击名称右侧的方块按钮，为其添加一个衰减材质，在"衰减参数"中，将"衰减类型"设置为"Fresnel"，如图4-286所示。

9. 单击【转到父对象】按钮（），回到"基本参数"设置。在"反射"中，关闭"高光光泽度"，将"反射光泽度"设置为"0.6"，"细分"设置为"8"，如图4-287所示。

10. 单击两次【转到父对象】按钮（），回到"多维/子对象基本参数"设置。单击"ID"的第二个材质按钮，如图4-288所示。

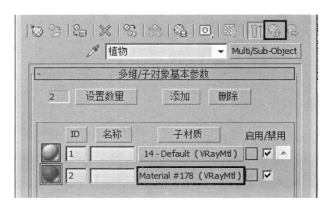

图4-288　第二个材质按钮

11. 使用VRay标准材质"VRayMtl"，在"参数设置"的"漫反射"中，单击"漫反射"右侧的【M】按钮（漫反射 ▢▢▢ M），如图4-289所示。

12. 单击名称右侧的方块按钮，打开"材质/贴

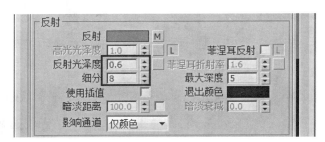

图4-287　反射参数设置

图浏览器"命令框，在"材质"的"标准"中选中"渐变"，单击【确定】。在"渐变参数"中，分别单击"颜色#1"、"颜色#2"、"颜色#3"右侧的长条按钮，依次为其增加一个材质贴图，如图4-290~图4-293所示。

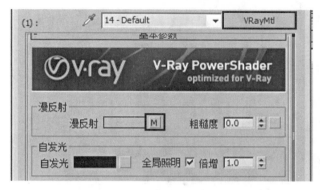

图4-289　漫反射

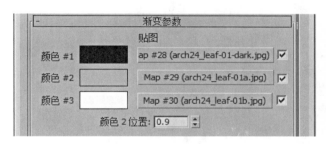

图4-290　"颜色#1"、"颜色#2"、"颜色#3"

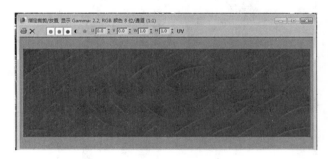

图4-291　"颜色#1"材质

图4-292　"颜色#2"材质

图4-293　"颜色#3"材质

13. 单击【转到父对象】按钮（　），回到"基本参数"设置。在"反射"中，单击"反射"右侧的【M】按钮，对反射进一步设置。

14. 单击名称右侧的方块按钮，为其增加一个衰减。在"衰减参数"中将"衰减类型"设置为"Fresnel"，如图4-294所示。

图4-294　衰减类型

15. 单击【转到父对象】按钮（　），回到"基本参数"设置。在"反射"中，关闭"高光光泽度"，将"反射光泽度"设置为"0.6"，"细分"设置为"8"，如图4-295所示。

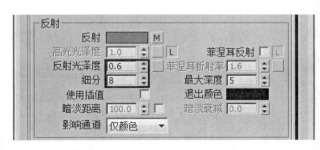

图4-295　反射参数设置

16. 参数设置完成后，单击【视口中选中明暗处理材质】按钮（　），然后单击【将材质指定给选中对象】按钮（　），将材质附着到选中的植物中。

4.3.36　植物叶片材质设置

学习"叶片"的参数设置及材质的附着。

1. 在图中，选中花瓶中的棕榈叶，如图4-296所示。

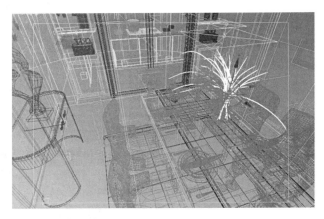

图4-296　棕榈叶

2. 在"材质编辑器"命令框中，选中一个新的材质球，输入名称为"叶片"，使用VRay标准材质"VRayMtl"，在"基本参数"的"漫反射"中，单击"漫反射"右侧的【M】按钮，如图4-297所示。

3. 对漫反射进一步设置，添加一个贴图材质，在"位图参数"中单击"位图"右侧的长条按钮，选择一个叶片贴图，单击【查看图像】，查看清晰的位图图像，如图4-298所示。

4. 单击【转到父对象】按钮（ ），回到"基本参数"设置。在"反射"中，单击"反射"右侧的【M】按钮，对反射进一步设置。

5. 单击名称右侧的方块按钮，为其添加衰减材质，在"衰减参数"中将"衰减类型"设置为"Fresnel"，如图4-299所示。

单击【转到父对象】按钮（ ），回到"基本参数"设置，关闭"高光光泽度"，将"反射光泽度"设置为"0.6"，"细分"设置为"8"，如图4-300所示。

6. 参数设置完成后，单击【视口中选中明暗处理材质】按钮（ ），然后单击【将材质指定给选中对象】按钮（ ），将材质附着到选中的叶片中。

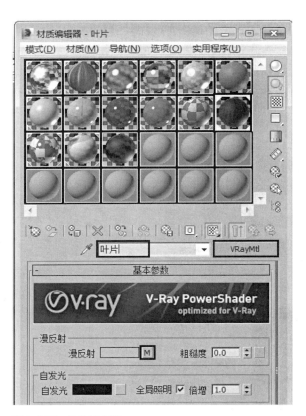

图4-297　叶片材质球

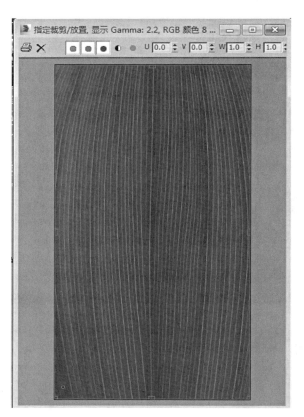

图4-298　叶片材质

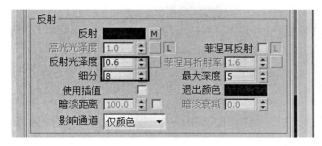

图4-299　衰减类型

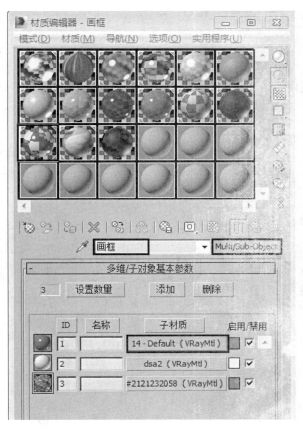

图4-301　画框材质球

图4-300　反射参数设置

4.3.37　画框材质设置

学习"画框"的参数设置及材质的附着。

1. 在图中选中餐厅墙上的挂画的画框。

2. 在"材质编辑器"命令框中，选中一个新的材质球，输入名称为"画框"，单击名称右侧的方块按钮，打开"材质/贴图浏览器"命令框，在"材质"的"标准"中选中"多维/子对象"，单击【确定】。在"多维/子对象基本参数"中，单击"ID"的第一个材质按钮，如图4-301、图4-302所示。

3. 使用VRay标准材质"VRayMtl"，在"基本参数"中，单击"漫反射"右侧的颜色方块按钮，打开"颜色选择器：漫反射"命令框，将"红"、"绿"、"蓝"分别设置为"78"、"38"、"24"，单击【确定】，如图4-303所示。

4. 在"反射"中，单击"反射"右侧的颜色方块按钮，打开"颜色选择器：反射"命令框，将"红"、"绿"、"蓝"分别设置为"130"、"98"、"74"，单击【确定】按钮，如图4-304所示。

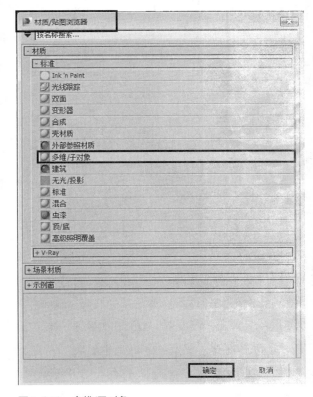

图4-302　多维/子对象

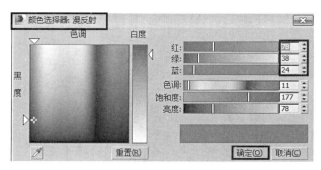

图4-303　漫反射颜色参数设置

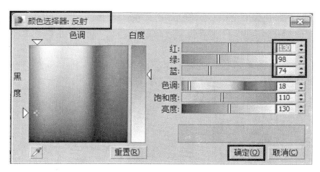

图4-304　反射颜色参数设置

5. 打开"高光光泽度"并设置为"0.85"，将"反射光泽度"设置为"1.0"，"细分"设置为"12"，如图4-305所示。

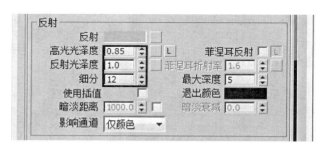

图4-305　反射参数设置

6. 单击【转到父对象】按钮（　），回到"多维/子对象基本参数"设置。单击"ID"的第二个材质按钮，如图4-306所示。

7. 使用VRay标准材质"VRayMtl"，在"基本参数"中，单击"漫反射"右侧的颜色方块按钮，打开"颜色选择器：漫反射"命令框，将"亮度"设置为"220"，单击【确定】，如图4-307所示。

8. 在"反射"中，单击"反射"右侧的颜色

方块按钮，打开"颜色选择器：反射"命令框，将"亮度"设置为"20"，单击【确定】，如图4-308所示。

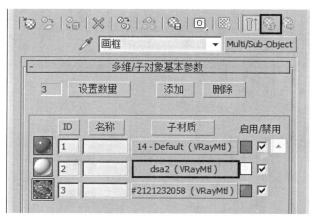

图4-306　第二个材质按钮

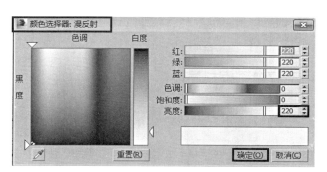

图4-307　漫反射亮度设置

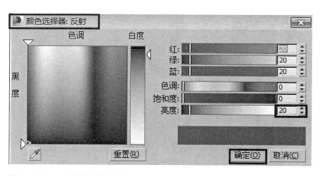

图4-308　反射亮度设置

9. 打开"高光光泽度"并设置为"0.35"，将"反射光泽度"设置为"1.0"，"细分"设置为"8"，如图4-309所示。

10. 单击【转到父对象】（　），回到"多维/子对象基本参数"设置。单击"ID"的第三个材质按钮，如图4-310所示。

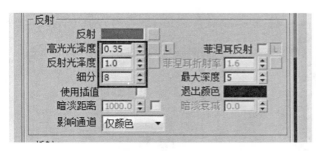

图4-309　反射参数设置

图4-310　第三个材质按钮

11.　使用VRay标准材质"VRayMtl"，在"基本参数"中，单击"漫反射"右侧的颜色方块按钮，打开"颜色选择器：漫反射"命令框，将"红"、"绿"、"蓝"分别设置为"78"、"38"、"24"，单击【确定】，如图4-311所示。

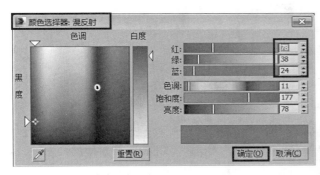

图4-311　漫反射颜色参数设置

12.　在"反射"中，单击"反射"右侧的颜色方块按钮，打开"颜色选择器：反射"命令框，将"红"、"绿"、"蓝"分别设置为"130"、"98"、"74"，单击【确定】按钮，如图4-312所示。

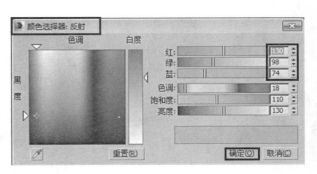

图4-312　反射颜色参数设置

13.　打开"高光光泽度"并设置为"0.85"，将"反射光泽度"设置为"1.0"，"细分"设置为"20"，如图4-313所示。

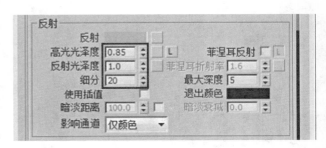

图4-313　反射参数设置

14.　参数设置完成后，单击【视口中选中明暗处理材质】按钮（▨），然后单击【将材质指定给选中对象】按钮（▧），将材质附着到选中的画框中，如图4-314所示。

图4-314　画框

4.3.38　画面材质设置

学习"画"的参数设置及材质的附着。

1. 对图中的画框内的画进行附着设置。

2. 在"材质编辑器"命令框中，选中一个新的材质球，输入名称为"画"，使用VRay标准材质"VRayMtl"，在"基本参数"的"漫反射"中，单击"漫反射"右侧的【M】按钮，如图4-315所示。

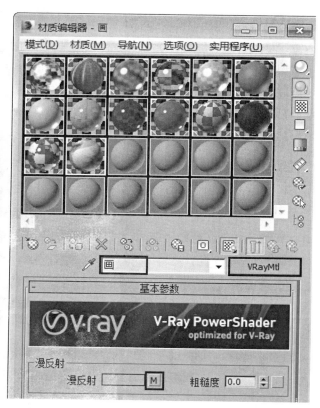

图4-315　画材质球

3. 对漫反射进一步设置，添加一个贴图材质，在"位图参数"中单击"位图"右侧的长条按钮，选择油画的位图图像，单击【查看图像】，查看清晰的位图图像，如图4-316所示。

4. 参数设置完成后，单击【视口中选中明暗处理材质】按钮，然后单击【将材质指定给选中对象】按钮，将材质附着到画框内的画中。

图4-316　油画贴图

4.4　高级渲染参数调试技术

1. 单击菜单栏中的【渲染】按钮，选择其下方的"渲染设置"，如图4-317所示。

渲染(R)	自定义(U)	MAXScript(X)	帮助(H)
渲染			Shift+Q
渲染设置(R)...			F10
渲染帧窗口(W)...			
状态集...			
曝光控制...			
环境(E)...			8
效果(F)...			

图4-317　渲染设置

2. 打开高级渲染参数设置"渲染设置：V-Ray ADV 2.40.03"命令框，在"公用"下的"公用参数"的"输出大小"中，将"宽度"设置为"1200"，"高度"设置为"900"，如图4-318所示。

3. 在"V-Ray"下的"图像采样器（反锯齿）"展卷栏的"图像采样器"中，将"类型"设置为"自适应确定性蒙特卡洛"，在"抗锯齿过滤器"中，勾选打开"开"，选择"Catmull-Rom"，如图4-319、图4-320所示。

4. 在"抗锯齿过滤器"中，勾选打开"开"，选择"Catmull-Rom"，如图4-321所示。

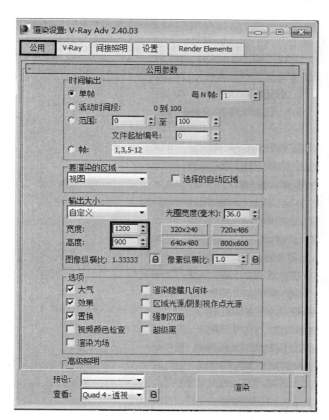

图4-318　公用参数

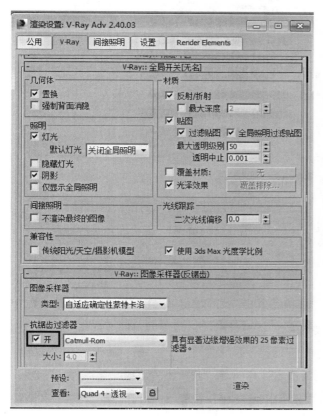

图4-319　全局开关

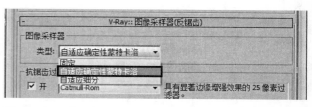

图4-320　图像采样器

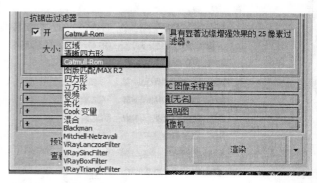

图4-321　抗锯齿过滤器

　　5. 在"自适应DMC图像采样器"中，将"最小细分"设置为"1"，"最大细分"设置为"4"，如图4-322所示。

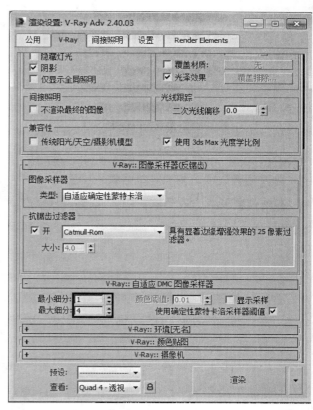

图4-322　自适应DMC图像采样器